W0326676

1. Grundbegriffe

1.1 Aussagenlogik

Aussagen, Negation, Verknüpfungen

Jede *Aussage* ist entweder wahr (w) oder falsch (f).
$A, B, C, \ldots$ bedeuten im folgenden Aussagen, die einen festen Wert w oder f besitzen. Diese Zeichen können auch *Variable* für w oder f oder *aussagenlogische Terme* darstellen.

Name	Zeichen	Sprechweise	A	w	w	f	f
			B	w	f	w	f
Negation	$\neg$; $\bar{\ }$	nicht; non	$\bar{A}$	f	f	w	w
Konjunktion	$\wedge$	und; sowohl als auch	$A \wedge B$	w	f	f	f
Disjunktion (Adjunktion)	$\vee$	oder (einschließendes Oder)	$A \vee B$	w	w	w	f
Subjunktion	$\rightarrow$	wenn ..., dann ...	$A \rightarrow B$	w	f	w	w
Bijunktion	$\leftrightarrow$	... genau dann, wenn ...	$A \leftrightarrow B$	w	f	f	w
Alternative	$\nleftrightarrow$	entweder ..., oder ... (ausschließendes Oder)	$A \nleftrightarrow B$	f	w	w	f

Aussagenlogische Terme

Aussagenlogische Terme sind: w, f, Platzhalter für w bzw. f, ferner die Negation sowie Verknüpfungen aussagenlogischer Terme.

Der aussagenlogische Term B *folgt aus* dem aussagenlogischen Term A ($A \Rightarrow B$), wenn bei jeder Belegung der Platzhalter mit w oder f der Term $A \rightarrow B$ den Wert w hat.
A heißt *hinreichend* für B; B heißt *notwendig* für A.

Zwei aussagenlogische Terme A und B heißen *äquivalent* ($A \Leftrightarrow B$), wenn bei jeder Belegung der Platzhalter mit w oder f der Term $A \leftrightarrow B$ den Wert w hat.

Gesetze der Aussagenlogik

$A \wedge B \Leftrightarrow B \wedge A$	$A \vee B \Leftrightarrow B \vee A$	Kommutativgesetze
$A \wedge (B \wedge C) \Leftrightarrow (A \wedge B) \wedge C$	$A \vee (B \vee C) \Leftrightarrow (A \vee B) \vee C$	Assoziativgesetze
$A \wedge (B \vee C) \Leftrightarrow (A \wedge B) \vee (A \wedge C)$	$A \vee (B \wedge C) \Leftrightarrow (A \vee B) \wedge (A \vee C)$	Distributivgesetze
$A \wedge (A \vee B) \Leftrightarrow A$	$A \vee (A \wedge B) \Leftrightarrow A$	Absorptionsgesetze
$\overline{A \wedge B} \Leftrightarrow \bar{A} \vee \bar{B}$	$\overline{A \vee B} \Leftrightarrow \bar{A} \wedge \bar{B}$	Gesetze von de Morgan
$A \wedge A \Leftrightarrow A$	$A \vee A \Leftrightarrow A$	Idempotenzgesetze
$A \wedge \bar{A} \Leftrightarrow \mathrm{f}$	$A \vee \bar{A} \Leftrightarrow \mathrm{w}$	Gesetze der Komplementarität
$\mathrm{f} \wedge A \Leftrightarrow \mathrm{f}$	$\mathrm{w} \vee A \Leftrightarrow \mathrm{w}$	
$\mathrm{w} \wedge A \Leftrightarrow A$	$\mathrm{f} \vee A \Leftrightarrow A$	
$A \rightarrow B \Leftrightarrow \bar{A} \vee B$	$A \leftrightarrow B \Leftrightarrow (A \wedge B) \vee (\bar{A} \wedge \bar{B})$	$A \nleftrightarrow B \Leftrightarrow (A \wedge \bar{B}) \vee (\bar{A} \wedge B)$
$\bar{\bar{A}} \Leftrightarrow A$	$(A \rightarrow B) \Leftrightarrow (\bar{B} \rightarrow \bar{A})$ Kontrapositionsgesetz	

Indirekter Beweis: Statt $A \Rightarrow B$ zeigt man: $A \wedge \bar{B}$ ist falsch.

Existenz- und Allquantor

Name	Zeichen	Sprechweise
Allquantor	$\forall x \in M$ oder $\bigwedge\limits_{x \in M}$	Für alle x aus M gilt:
Existenzquantor	$\exists x \in M$ oder $\bigvee\limits_{x \in M}$	Es gibt (mindestens) ein x aus M, für das gilt:

Negationsregeln: $\neg(\forall x \in M\; E(x)) \Leftrightarrow \exists x \in M \neg(E(x))$; $\neg(\exists x \in M\; E(x)) \Leftrightarrow \forall x \in M \neg(E(x))$

$E(x)$ Aussageform auf M.

1.2 Mengen

Darstellungen und Begriffe

$\{a_1, a_2, \ldots, a_n\}$: Menge mit den *Elementen* $a_1, a_2, \ldots, a_n$ (*aufzählende Form* für Mengen mit endlich vielen Elementen).

$\{x \mid E(x)\}_G$: Menge der Elemente $x \in G$, für die gilt: $E(x)$ ist eine wahre Aussage (G Grundmenge).

$\in$: ist Element von; $\notin$: ist kein Element von; $\emptyset$, $\{\ \}$: *leere Menge*.

Mengenverknüpfungen, Beziehungen zwischen Mengen

Die Elemente der Mengen A und B sind Elemente einer Grundmenge G.

Teilmenge	$A \subseteq B :\Leftrightarrow x \in A \rightarrow x \in B$ für alle $x \in G$ *)
Gleichheit von Mengen	$A = B :\Leftrightarrow A \subseteq B \wedge B \subseteq A$
Schnittmenge (Durchschnitt)	$A \cap B := \{x \mid x \in A \wedge x \in B\}$
Vereinigungsmenge	$A \cup B := \{x \mid x \in A \vee x \in B\}$
Differenzmenge	$A \setminus B := \{x \mid x \in A \wedge x \notin B\}$
Symmetrische Differenz	$A \triangle B := (A \setminus B) \cup (B \setminus A)$
Komplement	$\bar{A} := \{x \mid x \notin A\}_G$
Produktmenge	$A \times B := \{(x, y) \mid x \in A \wedge y \in B\}$
Potenzmenge	$P(A) := \{X \mid X \subseteq A\}$

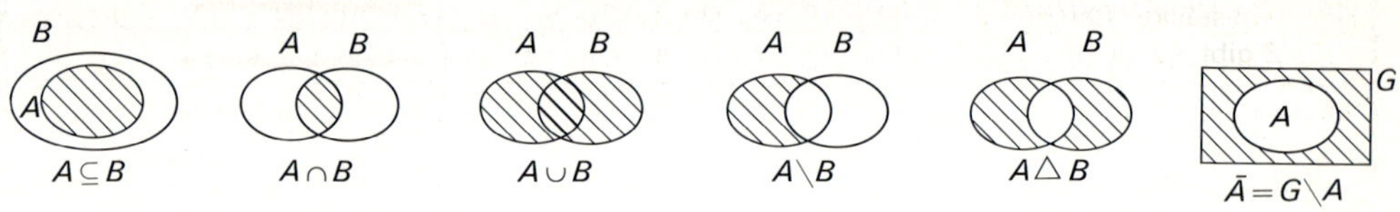

Zerlegung einer Menge in Klassen

Teilmengen einer Menge M bilden eine *Zerlegung* von M in Klassen *(Klasseneinteilung)*, wenn gilt:

(1) keine dieser Teilmengen ist leer,
(2) der Durchschnitt zweier verschiedener Teilmengen ist leer,
(3) die Vereinigung aller dieser Teilmengen ist M.

---

*) Echte Teilmenge $A \subset B$, wenn $A \subseteq B$ und $B \setminus A \neq \emptyset$.

Gesetze der Mengenalgebra $(A, B, C \subseteq G)$

$A \cap B = B \cap A$	$A \cup B = B \cup A$	Kommutativgesetze
$A \cap (B \cap C) = (A \cap B) \cap C$	$A \cup (B \cup C) = (A \cup B) \cup C$	Assoziativgesetze
$A \cap (B \cup C) = (A \cap B) \cup (A \cap C)$	$A \cup (B \cap C) = (A \cup B) \cap (A \cup C)$	Distributivgesetze
$A \cap (A \cup B) = A$	$A \cup (A \cap B) = A$	Absorptionsgesetze
$\overline{A \cap B} = \bar{A} \cup \bar{B}$	$\overline{A \cup B} = \bar{A} \cap \bar{B}$	Gesetze von de Morgan
$A \cap A = A$	$A \cup A = A$	Idempotenzgesetze
$A \cap \bar{A} = \emptyset$	$A \cup \bar{A} = G$	Gesetze der Komplementarität
$\emptyset \cap A = \emptyset$	$G \cup A = G$	
$G \cap A = A$	$\emptyset \cup A = A$	

(Vergleiche auch Gesetze der *Aussagenlogik* Seite 3.)

1.3 Relationen

Eine *zweistellige Relation* von M_1 in M_2 ist eine nicht leere Teilmenge R von $M_1 \times M_2$.

Schreibweise: aRb bedeutet $(a, b) \in R$.
Ist $M_1 = M_2 = M$, so heißt R zweistellige *Relation in der Menge M*.
Die Relation R heißt
reflexiv, wenn für alle $x \in M$ gilt: xRx,
symmetrisch, wenn für alle $x, y \in M$ gilt: $xRy \Rightarrow yRx$,
transitiv, wenn für alle $x, y, z \in M$ gilt: $xRy \wedge yRz \Rightarrow xRz$,
Äquivalenzrelation, wenn R reflexiv, symmetrisch und transitiv,
(Jede Äquivalenzrelation in M erzeugt eine Klasseneinteilung in M und umgekehrt.)
identitiv *), wenn für alle $x, y \in M$ gilt: $xRy \wedge yRx \Rightarrow x = y$,
Ordnungsrelation, wenn R reflexiv, identitiv und transitiv,
konnex, wenn für alle $x, y \in M$ gilt: $x = y \vee xRy \vee yRx$.

1.4 Funktionen (Abbildungen)

Gegeben seien die nichtleeren Mengen D und Z und es sei jedem x aus D genau ein y aus Z zugeordnet. D, Z und diese Zuordnung bilden eine *Funktion (Abbildung)* von D in Z.

Eine zweistellige Relation R von D in Z ist eine *Funktion*, wenn es zu jedem x aus D genau ein y aus Z gibt, so dass $(x, y) \in R$.

Schreibweisen:
f: $D \to Z$; f: $x \mapsto f(x)$ mit $x \in D$
Bezeichnungen:
x *Argument, Urbild*; $f(x)$ *Funktionswert, Bild* von x
D *Definitionsmenge*, Z *Zielmenge*,
Wertemenge, Bildmenge $W := \{y \mid y = f(x) \wedge x \in D\} =: f(D)$
Graph der Funktion f: $\{(x, y) \mid y = f(x) \wedge x \in D\}$

$y = f(x)$ Gleichung des Schaubildes von f.

Statt D auch D_f oder $D(f)$

Statt W auch W_f oder $W(f)$

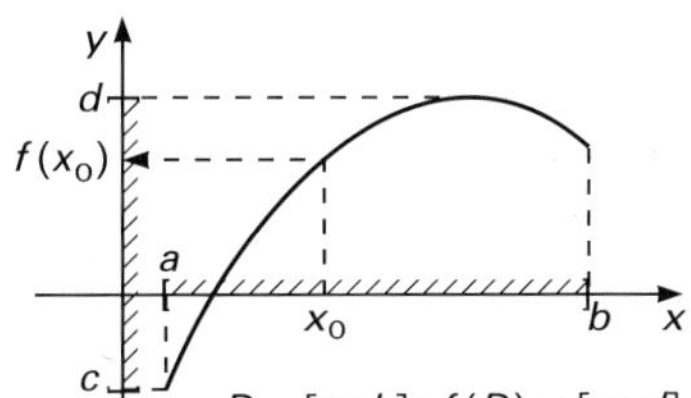

$D = [a; b]$; $f(D) = [c; d]$

*) Statt identitiv auch *antisymmetrisch* oder *isosymmetrisch*.

Gleichheit von Funktionen: Zwei Funktionen f und g heißen *gleich*, wenn $D_f = D_g = D$ und $f(x) = g(x)$ für alle $x \in D$.

Surjektiv, injektiv, bijektiv: Eine Funktion $f\colon D \to Z$ heißt

surjektiv, wenn es zu jedem $y \in Z$ mindestens ein $x \in D$ gibt, so dass $y = f(x)$,
injektiv, wenn es zu jedem $y \in Z$ höchstens ein $x \in D$ gibt, so dass $y = f(x)$,
bijektiv, wenn f injektiv *und* surjektiv ist (*eineindeutige* Zuordnung).

Identische Funktion auf D: $id\colon x \mapsto x$ mit $x \in D$.

Verkettung von Funktionen: Falls für zwei Funktionen g und f die Wertemenge von f eine Teilmenge der Definitionsmenge von g ist ($W_f \subseteq D_g$), dann heißt $g \circ f\colon x \mapsto g(f(x))$ mit $x \in D_f$ die *Verkettung* von f mit g (g nach f). (Beachte: es gibt auch die Definition: $g \circ f\colon x \mapsto f(g(x))$ mit $x \in D_g$, falls $W_g \subseteq D_f$.) Im Allgemeinen: $g \circ f \neq f \circ g$. Immer gilt $h \circ (g \circ f) = (h \circ g) \circ f$.

Umkehrfunktion: Wenn $f\colon D_f \to Z$ mit $y = f(x)$ injektiv ist, dann gibt es die
Umkehrfunktion $f^{-1}\colon W_f \mapsto D_f$, wobei gilt: $f^{-1}(y) = x$,
oder: f^{-1} heißt Umkehrfunktion von f, falls $f^{-1} \circ f = id$ ist.
Ist $D_f = D_{f^{-1}}$, dann ist $f^{-1} \circ f = f \circ f^{-1}$. ($f^{-1}$ ist bzgl. der Verkettung die zu f *inverse Funktion*.)

1.5 Reellwertige Funktionen mit reellen Argumenten

Die Teilmenge I *aus* $\mathbb{R}$ heißt **Intervall**, wenn mit $x_1, x_2 \in I$ auch alle x zwischen x_1 und x_2 zur Teilmenge I gehören.

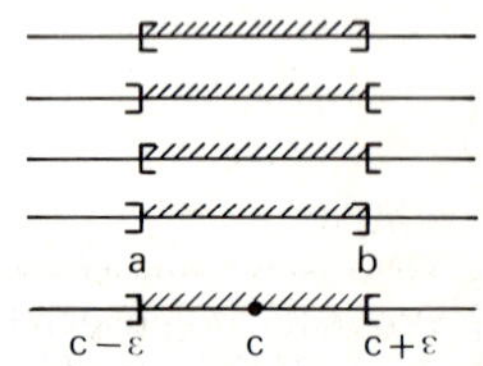

Abgeschlossenes Intervall:	$[a, b] := \{x \mid a \le x \le b\}$
Offenes Intervall:	$]a, b[:= \{x \mid a < x < b\}$ (auch (a, b))
Halboffene Intervalle:	$[a, b[:= \{x \mid a \le x < b\}$ (auch $[a, b)$)
	$]a, b] := \{x \mid a < x \le b\}$ (auch $(a, b]$)
ε-Umgebung von c ($\varepsilon > 0$):	$U_\varepsilon(c) :=]c - \varepsilon, c + \varepsilon[= \{x \mid c - \varepsilon < x < c + \varepsilon\}$

Beachte: $\mathbb{R}$, $\mathbb{R}_{\ge 0}$, $\mathbb{R}_{\le 0}$, $\mathbb{R}_{>0}$, $\mathbb{R}_{<0}$ sind nichtbeschränkte Intervalle. $\mathbb{R}^*$ ist kein Intervall (vgl. S. 9).

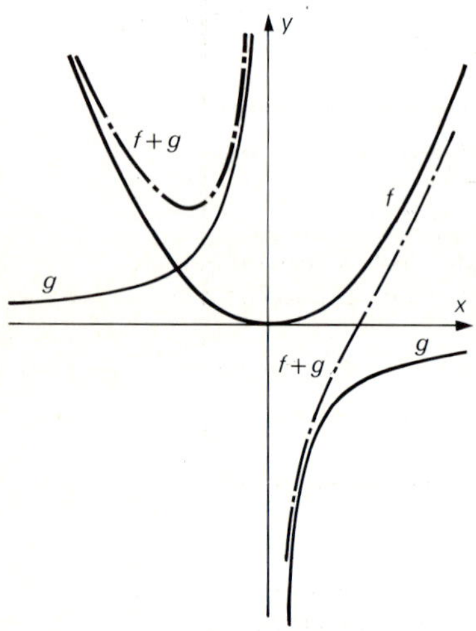

Monotonie: $f\colon D \to \mathbb{R}$ heißt im Intervall I mit $I \subseteq D$
streng monoton steigend, wenn für alle $x_1, x_2 \in I$ gilt: $x_1 < x_2 \Rightarrow f(x_1) < f(x_2)$
monoton steigend, wenn für alle $x_1, x_2 \in I$ gilt: $x_1 < x_2 \Rightarrow f(x_1) \le f(x_2)$
streng monoton fallend, wenn für alle $x_1, x_2 \in I$ gilt: $x_1 < x_2 \Rightarrow f(x_2) < f(x_1)$
monoton fallend, wenn für alle $x_1, x_2 \in I$ gilt: $x_1 < x_2 \Rightarrow f(x_2) \le f(x_1)$

Schranke: $A \subseteq \mathbb{R}$, $s \in \mathbb{R}$; gilt $a \le s$ (bzw. $s \le a$) für alle $a \in A$, so heißt s *obere Schranke* (bzw. *untere Schranke*) von A.

Beschränktheit: $f\colon D \to \mathbb{R}$ heißt im Intervall I mit $I \subseteq D$ *beschränkt*, wenn es eine reelle Zahl s gibt, so dass $|f(x)| \le s$ für alle $x \in I$.

Verknüpfungen der Funktionen f und g:

Summe:	$(f+g)\colon x \mapsto f(x) + g(x)$	mit $x \in D_f \cap D_g$
Differenz:	$(f-g)\colon x \mapsto f(x) - g(x)$	mit $x \in D_f \cap D_g$
Produkt:	$(f \cdot g)\colon x \mapsto f(x) \cdot g(x)$	mit $x \in D_f \cap D_g$
Quotient:	$\dfrac{f}{g}\colon \quad x \mapsto \dfrac{f(x)}{g(x)}$	mit $x \in ((D_f \cap D_g) \setminus \{x \mid g(x) = 0\})$

Verkettung siehe oben.

Symmetrien:
$f\colon D \to \mathbb{R}$ heißt eine **gerade Funktion**, wenn $f(-x) = f(x)$ für alle $x \in D$. Das Schaubild einer geraden Funktion ist *symmetrisch zur y-Achse*.
$f\colon D \to \mathbb{R}$ heißt eine **ungerade Funktion**, wenn $f(-x) = -f(x)$ für alle $x \in D$. Das Schaubild einer ungeraden Funktion ist *punktsymmetrisch zum Ursprung*.

1.6 Algebraische Strukturen

Verknüpfung

Eine *Verknüpfung* in einer nichtleeren Menge M ist eine Abbildung von $M \times M$ in M.
Schreibweise: $\circ$: $M \times M \rightarrow M$; $(a, b) \mapsto a \circ b$
Eine nichtleere Menge M mit einer Verknüpfung $\circ$ in M heißt *Verknüpfungsgebilde*.
Schreibweise: $(M; \circ)$

Homomorphismus

$(M; \circ)$ und $(N; *)$ seien Verknüpfungsgebilde, f eine Funktion (Abbildung) von M in N. f heißt *Homomorphismus*, wenn für alle $a, b \in M$ gilt

$$f(a \circ b) = f(a) * f(b),$$

d.h. wenn das Bild des Verknüpfungswertes zweier Elemente gleich dem Verknüpfungswert der Bilder der Elemente ist.

Isomorphismus

Eine homomorphe Funktion (Abbildung) stellt einen *Isomorphismus* dar, falls die Funktion (Abbildung) umkehrbar ist.

Gruppe

Ein Verknüpfungsgebilde $(M; \circ)$ heißt *Gruppe*, wenn gilt:
(1) $a \circ (b \circ c) = (a \circ b) \circ c$ für alle $a, b, c \in M$ *(Assoziativität)*
(2) Es gibt genau ein $e \in M$, so dass für alle $a \in M$ gilt: $a \circ e = e \circ a = a$
(Existenz und Eindeutigkeit des *neutralen Elementes*)
(3) Für jedes $a \in M$ gibt es genau ein $\bar{a} \in M$, so dass gilt: $a \circ \bar{a} = \bar{a} \circ a = e$
(Existenz und Eindeutigkeit des zu *a inversen Elementes*)

Eine Gruppe heißt *kommutative* oder *abelsche* Gruppe, wenn für alle $a, b \in M$ gilt: $a \circ b = b \circ a$.

Ring

Das Verknüpfungsgebilde $(M; \oplus, \odot)$ mit den zwei Verknüpfungen $\oplus$ und $\odot$ heißt *Ring*, wenn gilt:
(1) $(M; \oplus)$ ist eine *kommutative Gruppe*
(2) $a \odot (b \odot c) = (a \odot b) \odot c$ für alle $a, b, c \in M$ *(Assoziativität* von $\odot$)
(3) $a \odot (b \oplus c) = (a \odot b) \oplus (a \odot c)$ und $(a \oplus b) \odot c = (a \odot c) \oplus (b \odot c)$ für alle $a, b, c \in M$
(Distributivität)

Körper

Das Verknüpfungsgebilde $(M; \oplus, \odot)$ mit den zwei Verknüpfungen $\oplus$ und $\odot$ heißt *kommutativer Körper*, wenn gilt:
(1) $(M; \oplus)$ ist eine kommutative Gruppe mit neutralem Element 0 *(Null)*
(2) $(M \setminus \{0\}; \odot)$ ist eine kommutative Gruppe mit neutralem Element 1 *(Eins)*
(3) $a \odot (b \oplus c) = (a \odot b) \oplus (a \odot c)$ für alle $a, b, c \in M$ *(Distributivität)*

Vektorraum siehe Seite 45.

Menge M	Verknüpfung(en)	Struktur
$\mathbb{N}$	$+$	keine Gruppe
$\mathbb{Z}$	$+$	Gruppe (kommutativ)
$\mathbb{Q}_{>0}$	$\cdot$	Gruppe (kommutativ)
$\mathbb{Z}$	$+ ; \cdot$	Ring
$\mathbb{Q}$ oder $\mathbb{R}$	$+ ; \cdot$	Körper (kommutativ)
Deckabbildungen eines gleichseitigen Dreiecks	Verkettung	Gruppe (nichtkommutativ)
Verschiebungen in der Ebene	Verkettung	Gruppe (kommutativ)
Restklassen bezüglich n ($n \in \mathbb{N}^*$)	$+$	Gruppe (kommutativ)
Restklassen bez. p (p Primzahl) ohne die Nullklasse	$\cdot$	Gruppe (kommutativ)
Restklassen bez. n ($n \in \mathbb{N}^*$)	$+ ; \cdot$	Ring
Restklassen bez. p (p Primzahl)	$+ ; \cdot$	Körper (kommutativ)

Boolesche Algebra (Boolescher *Verband*)

Das Verknüpfungsgebilde (M; $\sqcup$, $\sqcap$) mit den zwei Verknüpfungen $\sqcup$ und $\sqcap$ heißt *Boolesche Algebra,* wenn gilt:

(1) $a \sqcap b = b \sqcap a$ und $a \sqcup b = b \sqcup a$
für alle $a, b \in M$ *(Kommutativität)*

(2) $a \sqcap (b \sqcap c) = (a \sqcap b) \sqcap c$ und $a \sqcup (b \sqcup c) = (a \sqcup b) \sqcup c$
für alle $a, b, c \in M$ *(Assoziativität)*

(3) $a \sqcap (a \sqcup b) = a$ und $a \sqcup (a \sqcap b) = a$
für alle $a, b \in M$ *(Absorption)*

(4) $a \sqcap (b \sqcup c) = (a \sqcap b) \sqcup (a \sqcap c)$ und $a \sqcup (b \sqcap c) = (a \sqcup b) \sqcap (a \sqcup c)$
für alle $a, b, c \in M$ *(Distributivität)*

(5) Es gibt genau ein $1 \in M$ und es gibt genau ein $0 \in M$, so dass für alle $a \in M$ gilt:
$1 \sqcap a = a$ und $0 \sqcup a = a$ (Existenz und Eindeutigkeit der *neutralen Elemente*)

(6) Zu jedem $a \in M$ gibt es genau ein $\bar{a} \in M$, so dass gilt: $a \sqcap \bar{a} = 0$ und $a \sqcup \bar{a} = 1$
(Existenz und Eindeutigkeit des zu a *komplementären Elements*)

Regeln: *Idempotenz:* $a \sqcap a = a$ und $a \sqcup a = a$ für alle $a \in M$.
De Morgan: $\overline{a \sqcap b} = \bar{a} \sqcup \bar{b}$ und $\overline{a \sqcup b} = \bar{a} \sqcap \bar{b}$ für alle $a, b \in M$.

Symbole für logische Gatter:

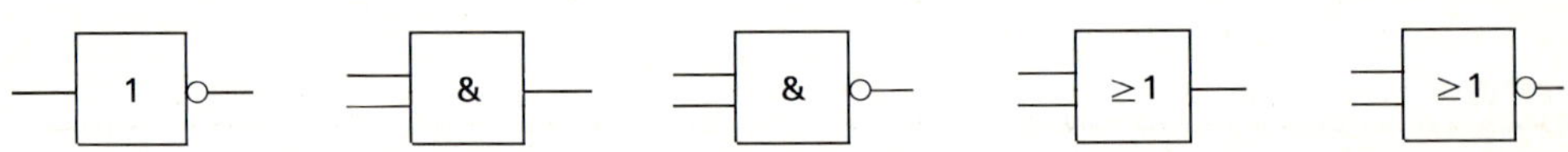

Nicht Und Nand Oder Nor

2. Zahlbereiche

Zahlen		ohne 0	nicht negativ	positiv	nicht positiv	negativ
natürliche	$\mathbb{N}$	$\mathbb{N}^*$	$\mathbb{N}$	$\mathbb{N}^*$	–	–
ganze	$\mathbb{Z}$	$\mathbb{Z}^*$	$\mathbb{Z}_{\geq 0}$ oder $\mathbb{Z}_+$	$\mathbb{Z}_{>0}$ oder $\mathbb{Z}_+^*$	$\mathbb{Z}_{\leq 0}$ oder $\mathbb{Z}_-$	$\mathbb{Z}_{<0}$ oder $\mathbb{Z}_-^*$
rationale	$\mathbb{Q}$	$\mathbb{Q}^*$	$\mathbb{Q}_{\geq 0}$ oder $\mathbb{Q}_+$	$\mathbb{Q}_{>0}$ oder $\mathbb{Q}_+^*$	$\mathbb{Q}_{\leq 0}$ oder $\mathbb{Q}_-$	$\mathbb{Q}_{<0}$ oder $\mathbb{Q}_-^*$
reelle	$\mathbb{R}$	$\mathbb{R}^*$	$\mathbb{R}_{\geq 0}$ oder $\mathbb{R}_+$	$\mathbb{R}_{>0}$ oder $\mathbb{R}_+^*$	$\mathbb{R}_{\leq 0}$ oder $\mathbb{R}_-$	$\mathbb{R}_{<0}$ oder $\mathbb{R}_-^*$

$\mathbb{N}=\{0, 1, 2, \dots\}$; $\mathbb{Z}=\{\dots, -2, -1, 0, 1, 2, \dots\}$ $\quad \mathbb{Q}=\left\{x \mid x=\frac{k}{n}, k \in \mathbb{Z} \text{ und } n \in \mathbb{N}^*\right\}$;

$\mathbb{C}$: komplexe Zahlen siehe Seite 16.

2.1 Teilbarkeit in $\mathbb{N}^*$ (a, b, c, t und q jeweils aus $\mathbb{N}^*$)

Teiler: t ist *Teiler* von a, wenn es eine Zahl q gibt, so dass $t \cdot q = a$ ist. Schreibweise: $t|a$.

Teilbarkeitsregeln

1) Wenn t Teiler sowohl von a als auch von b ist, dann ist t auch Teiler der Summe $a+b$.
2) Wenn t Teiler sowohl von a als auch von b ist, dann ist t auch Teiler der Differenz $b-a$ bzw. $a-b$.
3) Wenn a Teiler von b und b Teiler von c ist, dann ist a auch Teiler von c *(Transitivität)*.
4) Wenn t Teiler von a ist, dann ist t auch Teiler jedes Produktes $a \cdot b$.
5) Nur im Zehnersystem gilt: Eine Zahl ist genau dann
   a) durch 2 (durch 5) teilbar, wenn ihr Zehnerrest durch 2 (durch 5) teilbar ist.
   b) durch 4 (durch 25) teilbar, wenn ihr Hunderterrest durch 4 (durch 25) teilbar ist.
   c) durch 3 (durch 9) teilbar, wenn ihre Quersumme durch 3 (durch 9) teilbar ist.

Teilerfremd: Zwei Zahlen aus $\mathbb{N}^*$ heißen *teilerfremd*, wenn sie nur 1 als gemeinsamen Teiler haben.

Primzahl: Eine Zahl mit genau zwei verschiedenen Teilern heißt *Primzahl*.

2.2 Körpereigenschaften

Die Mengen $\mathbb{Q}$ und $\mathbb{R}$ bilden bezüglich der Addition und Multiplikation jeweils einen **Körper** (siehe 1.6) mit 0 als neutralem Element der *Addition* und 1 als neutralem Element der *Multiplikation*:

	Addition	Multiplikation
Kommutativgesetze (Vertauschungsgesetze)	$a+b = b+a$	$a \cdot b = b \cdot a$
Assoziativgesetze (Verbindungsgesetze)	$(a+b)+c = a+(b+c)$	$(a \cdot b) \cdot c = a \cdot (b \cdot c)$
Neutrale Elemente	$a+0 = a$	$a \cdot 1 = a$
Inverse Elemente	$a+(-a) = 0$	$a \cdot \frac{1}{a} = 1 \quad (a \neq 0)$
Distributivgesetz (Verteilungsgesetz)	$(a+b) \cdot c = a \cdot c + b \cdot c$	

Zur Einsparung von Klammern schreibt man statt $(a \cdot b)+c$ kurz $a \cdot b + c$ („Punkt vor Strich")!

Binomische Formeln

$(a+b)^2=a^2+2ab+b^2$ $\quad$ $(a-b)^2=a^2-2ab+b^2$ $\quad$ $(a+b)(a-b)=a^2-b^2$

$(a+b)^3=a^3+3a^2b+3ab^2+b^3$; $(a-b)^3=a^3-3a^2b+3ab^2-b^3$
$(a+b+c)^2=a^2+b^2+c^2+2ab+2ac+2bc$ $\quad$ ($(a+b)^n$ siehe Seite 34, *Binomischer Satz*!)

2.3 Anordnungseigenschaften, Betrag

$a<b$ bedeutet „a ist kleiner als b"; $b>a$ bedeutet „b ist größer als a".
$a\leq b$ bedeutet „a ist kleiner oder gleich b"; $b\geq a$ bedeutet „b ist größer oder gleich a".
Es gilt für alle a, b aus $\mathbb{Q}$ bzw. $\mathbb{R}$
entweder $a<b$ oder $a=b$ oder $b<a$, bzw. $a\leq b$ oder $b\leq a$.

Die **Kleiner-Gleich-Relation** ist eine **Ordnungsrelation** in $\mathbb{Q}$ bzw. in $\mathbb{R}$ (siehe 1.3).
Es gilt z. B. $(2,3)\in\{(x, y)\mid x\in\mathbb{Q},\ y\in\mathbb{Q} \text{ und } x\leq y\}$.

Für alle a, b, c aus $\mathbb{Q}$ bzw. $\mathbb{R}$ gilt

1. *Reflexivität:* $a\leq a$ ($\leq$ ist *reflexiv*)
2. *Identivität:* Aus $a\leq b$ und $b\leq a$ folgt $a=b$ ($\leq$ ist *identitiv*)
3. *Transitivität:* Aus $a\leq b$ und $b\leq c$ folgt $a\leq c$ ($\leq$ ist *transitiv*)
4. Aus $a\leq b$ folgt $a+c\leq b+c$ — *Monotonie* der Addition
5. Aus $a\leq b$ folgt $a\cdot c\leq b\cdot c$ für $0<c$, — „Positive Faktoren ändern die Anordnung nicht!"
   Aus $a\leq b$ folgt $a\cdot c\geq b\cdot c$ für $c<0$, — „Negative Faktoren kehren die Anordnung um!"

Für die *strenge* Kleiner-Relation gelten 3., 4. und 5. nicht aber 1. und 2.
Vollständigkeit von $\mathbb{R}$ siehe Seite 35.

Betrag

$$|x|=\begin{cases} x & \text{für } x>0 \\ 0 & \text{für } x=0 \\ -x & \text{für } x<0 \end{cases}$$

$a^2=|a|^2$
$|a|=\sqrt{a^2}$

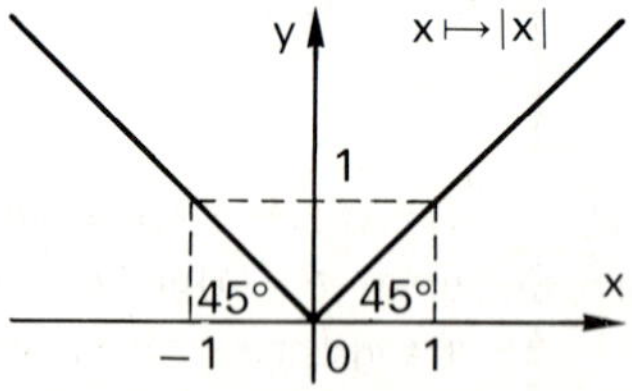

Schaubild der *Betragsfunktion* $x\mapsto|x|$, $x\in\mathbb{R}$

Dreiecksungleichung $\quad |a+b|\ \leq\ |a|+|b| \quad$ $|a_1+a_2+\cdots+a_n|\leq|a_1|+|a_2|+\cdots+|a_n|$.

$||a|-|b||\leq|a+b|$; $\quad |a\cdot b|=|a|\cdot|b|$; $\quad |a:b|=|a|:|b|$ $(b\neq 0)$;

Signum (Vorzeichen): $\operatorname{sgn} x=\begin{cases} 1 & \text{für } x>0 \\ 0 & \text{für } x=0 \\ -1 & \text{für } x<0 \end{cases}$

Ganzzahlige Anteile: $\lfloor x\rfloor$ ist die größte ganze Zahl, die kleiner oder gleich x ist (abrunden).
Statt $\lfloor x\rfloor$ früher $[x]$ „Gaußklammer"
$\lceil x\rceil$ ist die kleinste ganze Zahl, die größer oder gleich x ist (aufrunden).

$$\operatorname{int} x=\operatorname{sgn} x\cdot\lfloor|x|\rfloor=\begin{cases} \lfloor x\rfloor & \text{für } x\geq 0 \\ \lceil x\rceil & \text{für } x\leq 0 \end{cases}$$

Gebrochene Anteile: $\operatorname{frac} x=x-\operatorname{int} x$
$\{x\}=x-\lfloor x\rfloor$

2.4 Bruchrechnen

y ist **Kehrwert** von x, wenn $y=\frac{1}{x}$ ist. *Null hat keinen Kehrwert.*

Regeln für Brüche (Nenner immer ungleich Null!)

Erweitern	$\frac{a}{b}=\frac{a\cdot c}{b\cdot c}$	**Kürzen**	$\frac{a}{b}=\frac{a:c}{b:c}$
Addition	$\frac{a}{b}+\frac{c}{d}=\frac{a\cdot d+c\cdot b}{b\cdot d}$	**Subtraktion**	$\frac{a}{b}-\frac{c}{d}=\frac{a\cdot d-c\cdot b}{b\cdot d}$
Multiplikation	$\frac{a}{b}\cdot\frac{c}{d}=\frac{a\cdot c}{b\cdot d}$	**Division**	$\frac{a}{b}:\frac{c}{d}=\frac{a\cdot d}{b\cdot c}$
Anordnung (Nenner positiv)	$\frac{a}{b}\leq\frac{c}{b}\Leftrightarrow a\leq c;\quad \frac{a}{b}\leq\frac{c}{d}\Leftrightarrow ad\leq bc;\quad \frac{1}{b}\leq\frac{1}{d}\Leftrightarrow d\leq b$		

2.5 Potenzen – Wurzeln – Logarithmen

Potenzen:

Exponent aus $\mathbb{N}^*$:
$a^n := a\cdot a\cdot\dots\cdot a$
(n-Faktoren)

Exponent aus $\mathbb{Z}$:
$a^{-n}:=\frac{1}{a^n},\quad a\neq 0$

Exponent aus $\mathbb{Q}$:
$a^{\frac{p}{q}}:=x:\Leftrightarrow a^p=x^q$

für $n>1$ und $a\in\mathbb{R}$;
a^n, gelesen: n-te **Potenz** von a,
a **Basis** (Grundzahl),
n **Exponent** (Hochzahl).
Sonderfälle: $a^1:=a$; $a^0:=1$ $(a\neq 0)$;
0^0 nicht definiert.

$a\in\mathbb{R}_{>0}$, $p\in\mathbb{Z}$ und $q\in\mathbb{N}^*$
$a^{\frac{p}{q}}$ ist die positive Lösung der Gleichung $a^p=x^q$.

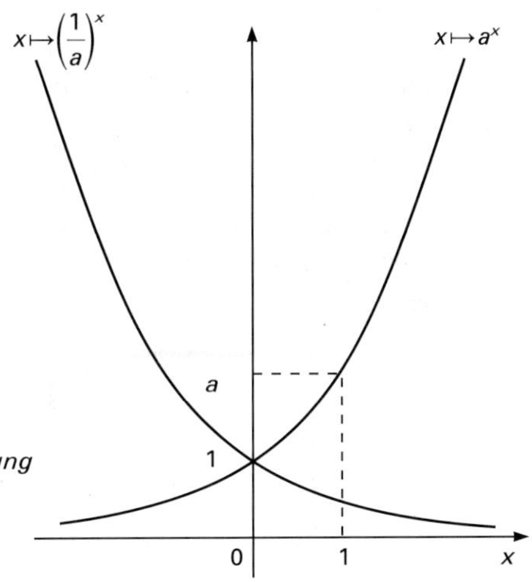

Exponenten aus $\mathbb{R}\setminus\mathbb{Q}$: Definition über *Intervallschachtelung*

Wurzel:
$\sqrt[n]{a}:=a^{\frac{1}{n}}$

für $n\in\mathbb{N}^*\setminus\{1\}$ und $a\in\mathbb{R}_{\geq 0}$
$\sqrt[n]{a}$, gelesen: n-te **Wurzel** von a.

a **Radikand**, n **Wurzelexponent.** $\sqrt[n]{a}$ ist die nichtnegative Lösung der Gleichung $a=x^n$.

Gesetze:

Gleiche Basen: $a^r\cdot a^s=a^{r+s}$; $a^r:a^s=a^{r-s}$ $(a\neq 0)$

Gleiche Exponenten: $a^r\cdot b^r=(a\cdot b)^r$; $a^r:b^r=\left(\frac{a}{b}\right)^r$ $(b\neq 0)$

Potenzen: $(a^r)^s=a^{r\cdot s}$; $(a+b)^n$ siehe Binomischer Satz Seite 34.

Wurzeln: $\sqrt[n]{a^p}=a^{\frac{p}{n}}=(\sqrt[n]{a})^p$; $\sqrt[n]{a}\cdot\sqrt[n]{b}=\sqrt[n]{a\cdot b}$; $\sqrt[n]{a}:\sqrt[n]{b}=\sqrt[n]{\frac{a}{b}}$
$(a\geq 0,\ b>0)$.

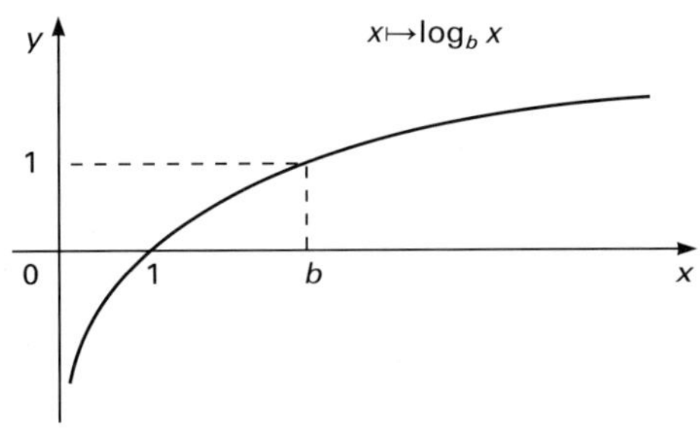

Logarithmus:
$\log_b a=c:\Leftrightarrow b^c=a$

$\log_b a$ ist die reelle Lösung der Gleichung $b^c=a$, der b-**Logarithmus** von a.

a **Logarithmand** oder **Numerus** von c. Beachte: Basis b positiv und ungleich 1, a positiv.

Sonderfälle:

$\lg a := \log_{10} a$	$\log_b 1 = 0$; $\log_b b = 1$ für alle $b \in \mathbb{R}_{>0} \setminus \{1\}$. *Zehnerlogarithmus* (Briggscher Log., dekadischer Log.). $\lg a = c_0 + c_1$, mit $0 \leq c_0 < 1$, der *Mantisse*, und $c_1 \in \mathbb{Z}$, der *Kennziffer*.
$\ln a := \log_e a$	*natürlicher Logarithmus*, $e = 2{,}7182818 2846\ldots$
$\operatorname{ld} a := \log_2 a$	Zweierlogarithmus (früher auch lb, binärer Logarithmus)

Gesetze: Für jede zulässige Basis b, für alle $x, y \in \mathbb{R}_{>0}$, $r \in \mathbb{R}$ und $n \in \mathbb{N}^*$ gilt:

$\log_b (x \cdot y) = \log_b x + \log_b y$	$\log_b \left(\frac{x}{y}\right) = \log_b x - \log_b y$	$\log_b \left(\frac{1}{x}\right) = -\log_b x$
$\log_b (x^r) = r \cdot \log_b x$	$\log_b \sqrt[n]{x} = \frac{1}{n} \cdot \log_b x$	$\log_b (b^r) = r$; $\lg 10^r = r$.

Umrechnungen: $\log_c a = \frac{\log_b a}{\log_b c}$ **Sonderfälle:** $\ln a = \frac{\lg a}{\lg e}$; $\operatorname{ld} a = \frac{\lg a}{\lg 2}$

2.6 Mittelwerte

Arithmetischer Mittelwert	$m_A = \frac{1}{2}(a_1 + a_2)$	$m_A = \frac{1}{n}(a_1 + a_2 + \cdots + a_n)$
Geometrischer Mittelwert	$m_G = \sqrt[2]{a_1 \cdot a_2}$	$m_G = \sqrt[n]{a_1 \cdot a_2 \cdot \cdots \cdot a_n}$
Quadratischer Mittelwert	$m_Q = \sqrt[2]{\frac{1}{2}(a_1^2 + a_2^2)}$	$m_Q = \sqrt[2]{\frac{1}{n}(a_1^2 + a_2^2 + \cdots + a_n^2)}$
Harmonischer Mittelwert	$\frac{1}{m_H} = \frac{1}{2} \cdot \left(\frac{1}{a_1} + \frac{1}{a_2}\right)$	$\frac{1}{m_H} = \frac{1}{n} \cdot \left(\frac{1}{a_1} + \frac{1}{a_2} + \cdots + \frac{1}{a_n}\right)$

Falls $a_1, a_2, \ldots, a_n \in \mathbb{R}_{>0}$, gilt $m_Q \geq m_A \geq m_G \geq m_H$.

2.7 Determinanten

Skalare Darstellung von Determinanten

Zweireihige Determinante	Dreireihige Determinante, nach der 1. Zeile entwickelt.
$\begin{vmatrix} a_1 & b_1 \\ a_2 & b_2 \end{vmatrix} := a_1 b_2 - a_2 b_1$	$\begin{vmatrix} a_1 & b_1 & c_1 \\ a_2 & b_2 & c_2 \\ a_3 & b_3 & c_3 \end{vmatrix} := a_1 \begin{vmatrix} b_2 & c_2 \\ b_3 & c_3 \end{vmatrix} - b_1 \begin{vmatrix} a_2 & c_2 \\ a_3 & c_3 \end{vmatrix} + c_1 \begin{vmatrix} a_2 & b_2 \\ a_3 & b_3 \end{vmatrix}$

Darstellung von Determinanten (durch Spaltenvektoren in $\mathbb{R}^2$ bzw. $\mathbb{R}^3$)

$$\det(\vec{a}, \vec{b}) := \begin{vmatrix} a_1 & b_1 \\ a_2 & b_2 \end{vmatrix} \qquad \det(\vec{a}, \vec{b}, \vec{c}) := \begin{vmatrix} a_1 & b_1 & c_1 \\ a_2 & b_2 & c_2 \\ a_3 & b_3 & c_3 \end{vmatrix}; \; \vec{a} = \begin{pmatrix} a_1 \\ a_2 \\ a_3 \end{pmatrix}, \; \vec{b} = \begin{pmatrix} b_1 \\ b_2 \\ b_3 \end{pmatrix}, \; \vec{c} = \begin{pmatrix} c_1 \\ c_2 \\ c_3 \end{pmatrix}$$

Hauptdiagonale: „Von linker oberer zu rechter unterer Ecke!“

Eigenschaften von Determinanten

1. Umklappen um die Hauptdiagonale („Stürzen") ändert den Wert der Determinante nicht. (Damit gelten die folgenden Sätze auch für Zeilenvektoren!)

2. Eine Determinante hat genau dann den Wert Null, wenn ihre *Spaltenvektoren* linear abhängig sind (siehe S. 27, 45).

3. Eine Determinante ändert ihren Wert nicht, wenn zu einem *Spaltenvektor* eine Linearkombination der übrigen Spaltenvektoren addiert wird.
$\det(\vec{a}, \vec{b}) = \det(\vec{a} + k\vec{b}, \vec{b})$, $\det(\vec{a}, \vec{b}, \vec{c}) = \det(\vec{a} + r\vec{b} + s\vec{c}, \vec{b}, \vec{c})$.

4. Eine Determinante ändert ihr Vorzeichen, wenn man zwei *Spaltenvektoren* vertauscht.
$\det(\vec{a}, \vec{b}) = -\det(\vec{b}, \vec{a})$, $\det(\vec{a}, \vec{b}, \vec{c}) = -\det(\vec{c}, \vec{b}, \vec{a})$.

5. **Homogenität** bei Determinanten: $\det(k \cdot \vec{a}, \vec{b}) = k \cdot \det(\vec{a}, \vec{b}) = \det(\vec{a}, k \cdot \vec{b})$

$$\begin{vmatrix} k \cdot a_1 & b_1 \\ k \cdot a_2 & b_2 \end{vmatrix} = k \cdot \begin{vmatrix} a_1 & b_1 \\ a_2 & b_2 \end{vmatrix} = \begin{vmatrix} a_1 & k \cdot b_1 \\ a_2 & k \cdot b_2 \end{vmatrix} = \begin{vmatrix} a_1 & b_1 \\ k \cdot a_2 & k \cdot b_2 \end{vmatrix}$$

6. **Additivität**: $\det(\vec{a} + \vec{b}, \vec{c}) = \det(\vec{a}, \vec{c}) + \det(\vec{b}, \vec{c})$

$$\begin{vmatrix} a_1 + b_1 & c_1 \\ a_2 + b_2 & c_2 \end{vmatrix} = \begin{vmatrix} a_1 & c_1 \\ a_2 & c_2 \end{vmatrix} + \begin{vmatrix} b_1 & c_1 \\ b_2 & c_2 \end{vmatrix}$$

(5. und 6. gelten entsprechend auch für n-reihige Determinanten.)

7. Eine Determinante ist bezüglich eines jeden Spaltenvektors eine *lineare Abbildung* (siehe S. 53) von $V \times V$ bzw. $V \times V \times V$ in $\mathbb{R}$. Z. B.: $\det(r\vec{a} + s\vec{b}, \vec{c}) = r \cdot \det(\vec{a}, \vec{c}) + s \cdot \det(\vec{b}, \vec{c})$.

8. Eine zweireihige Determinante stellt den orientierten *Flächeninhalt* des von ihren Vektoren aufgespannten Parallelogramms dar, eine dreireihige Determinante das orientierte *Volumen* des von ihren Vektoren aufgespannten Spats (siehe S. 29, 47).

2.8 Lösen von Gleichungen

Zwei Gleichungen heißen **äquivalent**, wenn sie dieselbe **Lösungsmenge** besitzen.

Äquivalenzumformungen einer auf *D* definierten Gleichung:

(1) Addieren desselben auf D definierten Termes zu beiden Seiten der Gleichung.
(2) Multiplizieren beider Seiten der Gleichung mit demselben auf D definierten Term, der für keine Einsetzung aus D den Wert Null annimmt.

Lineare Gleichung mit einer Variablen $(a \neq 0)$ $a \cdot x + b = 0$ besitzt die Lösung $x = -\dfrac{b}{a}$.

Lineare Gleichungen mit zwei bzw. drei Variablen $(a^2 + b^2 \neq 0$ bzw. $a^2 + b^2 + c^2 \neq 0)$:

$ax + by = r$ besitzt unendlich viele *Zahlenpaare* als Lösungen. In der Ebene ist das Schaubild der Lösungsmenge eine Gerade (siehe S. 49).

$ax + by + cz = r$ besitzt unendlich viele *Zahlentripel* als Lösungen. Im Raum ist das Schaubild der Lösungsmenge eine Ebene (siehe S. 51).

Ein **lineares Gleichungssystem** besteht aus linearen Gleichungen; seine Lösungsmenge ist der Durchschnitt der Lösungsmengen der einzelnen Gleichungen.

Äquivalenzumformungen linearer Gleichungssysteme:

(1) Addieren derselben Zahl zu beiden Seiten einer Gleichung; die übrigen Gleichungen bleiben unverändert.
(2) Multiplizieren beider Seiten einer Gleichung mit derselben, von Null verschiedenen Zahl; die übrigen Gleichungen bleiben unverändert.
(3) Ersetzen einer Gleichung durch die Summe, gebildet aus dieser Gleichung und einer anderen des Systemes; die übrigen Gleichungen bleiben unverändert.

Lösen linearer Gleichungssysteme (siehe auch Seite 54)

a) Für zwei Gleichungen mit zwei Unbekannten mit Hilfe folgender Äquivalenzumformungen:

Additionsverfahren	Gleichsetzungsverfahren ($ac \neq 0$)	Einsetzungsverfahren ($d \neq 0$)
$ax+by=p$ $cx+dy=q$	$ax+by=p$ $cx+dy=q$	$ax+by=p$ $cx+dy=q$
$(a+c)x+(b+d)y=p+q$	$\frac{b}{a}y-\frac{p}{a}=\frac{d}{c}y-\frac{q}{c}$	$y=-\frac{c}{d}x+\frac{q}{d}$ $ax+b\left(-\frac{c}{d}x+\frac{q}{d}\right)=p$

b) Gaußsches Verfahren: Das Gleichungssystem wird mit Hilfe von Äquivalenzumformungen auf „Diagonalgestalt" gebracht.

$$\begin{aligned} a_{11}x_1+a_{12}x_2+a_{13}x_3&=p_1 \\ a_{21}x_1+a_{22}x_2+a_{23}x_3&=p_2 \\ a_{31}x_1+a_{32}x_2+a_{33}x_3&=p_3 \end{aligned} \qquad \begin{aligned} b_{11}x_1+b_{12}x_2+b_{13}x_3&=q_1 \\ +b_{22}x_2+b_{23}x_3&=q_2 \\ +b_{33}x_3&=q_3 \end{aligned}$$

Bei n Gleichungen mit je m Unbekannten gelten die zu a) und b) entsprechenden Verfahren.

c) Mit Hilfe von *Determinanten* (siehe Seite 12), falls die Anzahl der Variablen gleich der Anzahl der Gleichungen ist **(Cramersche Regel)**:

$$\begin{aligned} a_1x+b_1y&=r_1 \\ a_2x+b_2y&=r_2 \end{aligned} \quad \text{hat die Lösung } x=\frac{\begin{vmatrix} r_1 & b_1 \\ r_2 & b_2 \end{vmatrix}}{D},\ y=\frac{\begin{vmatrix} a_1 & r_1 \\ a_2 & r_2 \end{vmatrix}}{D}, \quad \text{falls } D=\begin{vmatrix} a_1 & b_1 \\ a_2 & b_2 \end{vmatrix}\neq 0$$

$$\begin{aligned} a_{11}x_1+a_{12}x_2+\cdots+a_{1n}x_n&=r_1 \\ a_{21}x_1+a_{22}x_2+\cdots+a_{2n}x_n&=r_2 \\ &\vdots \\ a_{n1}x_1+a_{n2}x_2+\cdots+a_{nn}x_n&=r_n \end{aligned} \quad \text{mit } D=\begin{vmatrix} a_{11} & a_{12} \dots a_{1n} \\ a_{21} & a_{22} \dots a_{2n} \\ \vdots & \vdots \\ a_{n1} & a_{n2} \dots a_{nn} \end{vmatrix} \neq 0$$

hat als Lösung $x_i=\frac{D_i}{D}$.

Ersetzt man in D die Zahlen der i-ten Spalte durch $r_1, r_2, \dots, r_n$, so erhält man D_i.

Quadratische Gleichungen

$x^2+px+q=0$ hat in $\mathbb{R}$

- die Lösungen $x_{1/2}=-\frac{p}{2}\pm\sqrt{\left(\frac{p}{2}\right)^2-q}$, falls die *Diskriminante* $\left(\frac{p}{2}\right)^2-q>0$
- die Lösung $x=-\frac{p}{2}$, falls die *Diskriminante* $\left(\frac{p}{2}\right)^2-q=0$
- keine Lösung, falls die *Diskriminante* $\left(\frac{p}{2}\right)^2-q<0$

$ax^2+bx+c=0$ mit $a\neq 0$ hat in $\mathbb{R}$

- die Lösungen $x_{1/2}=-\frac{b}{2a}\pm\frac{1}{2a}\cdot\sqrt{b^2-4ac}$, falls die *Diskriminante* $b^2-4ac>0$
- die Lösung $x=-\frac{b}{2a}$, falls die *Diskriminante* $b^2-4ac=0$
- keine Lösung, falls die *Diskriminante* $b^2-4ac<0$

Vieta-Formeln: $x_1+x_2=-p=-\frac{b}{a}$; $x_1 \cdot x_2=q=\frac{c}{a}$

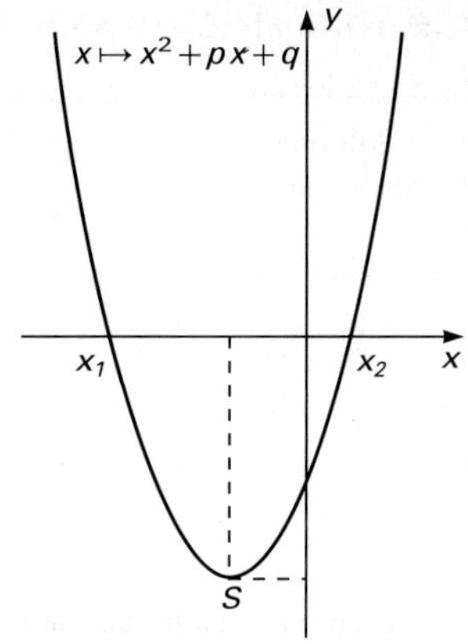

Linearfaktorzerlegung

Hat $x^2+px+q=0$ die Lösungen x_1 und x_2, dann gilt:

$$x^2+px+q=(x-x_1)\cdot(x-x_2)$$

Quadratische Ergänzung

$$x^2+px+q=\left(x+\frac{p}{2}\right)^2-\left(\frac{p}{2}\right)^2+q$$

S **Scheitel** der durch $x \mapsto x^2+px+q$ gegebenen Parabel.

Gleichungen n-ten Grades

Eine Gleichung n-ten Grades

$a_n x^n+a_{n-1}x^{n-1}+\dots+a_1 x+a_0=0;\ a_n \neq 0$

lässt sich bei Kenntnis einer Lösung x_0 durch Abspalten des Linearfaktors $x-x_0$ auf eine Gleichung vom Grad $n-1$ reduzieren.

$(a_n x^n+a_{n-1}x^{n-1}+\dots+a_1 x+a_0):(x-x_0)=b_{n-1}x^{n-1}+b_{n-2}x^{n-2}+\dots+b_1 x+b_0.$

Eine Gleichung n-ten Grades hat höchstens n reelle Lösungen.
Ist der Grad n ungerade, dann hat eine Gleichung n-ten Grades mindestens eine reelle Lösung.
Lässt man als Lösungen komplexe Zahlen zu, dann hat eine Gleichung n-ten Grades genau n Lösungen.

Polynome

Man nennt einen Term $a_n x^n+a_{n-1}x^{n-1}+\dots+a_1 x+a_0$ mit $n \in \mathbb{N}^*$, $a_i \in \mathbb{R}$ und $a_n \neq 0$ ein *Polynom vom Grad n* (Funktionsterm einer ganzrationalen Funktion).

Eine Zahl x_0 heißt *Nullstelle* eines Polynoms $f(x)$, wenn $f(x_0)=0$. Ist x_0 Nullstelle des Polynoms $f(x)$, dann ist $f(x)$ durch $x-x_0$ teilbar, das heißt, es gibt ein Polynom $g(x)$, so dass $f(x)=(x-x_0)\cdot g(x)$. Der Grad von g ist dann um eins niedriger als der Grad von f.
Ein Polynom vom Grad n hat höchstens n reelle Nullstellen.

Horner-Schema

$$\begin{aligned} f(x) &= a_n x^n+a_{n-1}x^{n-1}+\dots+a_1 x+a_0 \\ &= ((\dots(a_n x+a_{n-1})x+a_{n-2})x+\dots+a_1)x+a_0 \\ &= (x-x_0)(b_n x^{n-1}+b_{n-1}x^{n-2}+\dots+b_1)+b_0 \end{aligned}$$

$$f(x)=(x-x_0)(b_n x^{n-1}+b_{n-1}x^{n-2}+\dots+b_1)+b_0$$

Vorgabe
$n, x_0, a_n, a_{n-1}, \dots a_1, a_0,$
$i:=n;\ b_n=a_n$

Wiederhole

$b_{i-1}:=b_i x_0+a_{i-1}$
$i:=i-1$

bis $i=0$

$f(x_0)=b_0$

2.9 Komplexe Zahlen

Die Menge $\mathbb{C} := \{(a|b) \mid a \in \mathbb{R},\ b \in \mathbb{R}\}$ bildet bezüglich der
Addition $(a|b)+(c|d) := (a+c|b+d)$ und der
Multiplikation $(a|b)\cdot(c|d) := (ac-bd|ad+bc)$
den **Körper der komplexen Zahlen** mit $(0|0)$ als neutralem Element der Addition und $(1|0)$ als neutralem Element der Multiplikation.

Vereinbarungen: $(a|0)=a$, $(0|1)=\mathrm{i}$

$\boxed{(a|b)=a+\mathrm{i}b=z}$, a **Realteil**, b **Imaginärteil.**

$(0|1)\cdot(0|1)=(-1|0)$ bzw. $\boxed{\mathrm{i}^2=-1}$

Somit gilt:

Summe $(a+\mathrm{i}b)+(c+\mathrm{i}d) = a+c+\mathrm{i}(b+d)$

Produkt $(a+\mathrm{i}b)\cdot(c+\mathrm{i}d) = ac-bd+\mathrm{i}(ad+bc)$

Quotient $\dfrac{a+\mathrm{i}b}{c+\mathrm{i}d} = \dfrac{ac+bd}{c^2+d^2} - \mathrm{i}\cdot\dfrac{ad-cb}{c^2+d^2}$ $(c^2+d^2>0)$

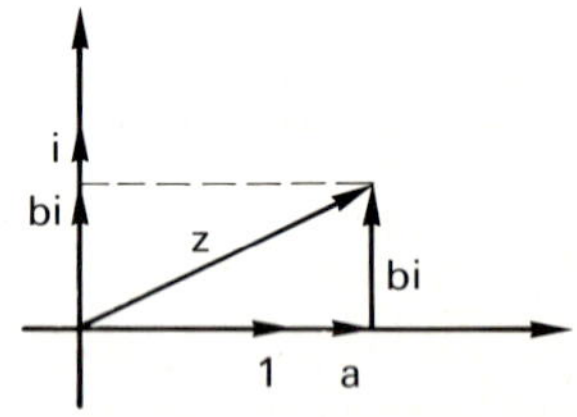

$\lvert z\rvert := \sqrt{a^2+b^2}$	**Betrag** von z; $\lvert z\rvert=0 \Leftrightarrow z=(0\mid 0)=0$
$\bar{z} := a-\mathrm{i}b$	**konjugiert komplexe Zahl** zu $z=a+\mathrm{i}b$.

$z\cdot\bar{z} = a^2+b^2$; $\lvert z\rvert = \sqrt{z\cdot\bar{z}} = \lvert\bar{z}\rvert$.

Darstellung in Polarkoordinaten

$a=r\cdot\cos\varphi$, $b=r\cdot\sin\varphi$

$$\left.\begin{array}{l} z=r(\cos\varphi+\mathrm{i}\sin\varphi) \\ \mathrm{e}^{\mathrm{i}\varphi} := \cos\varphi+\mathrm{i}\sin\varphi \end{array}\right\} \Rightarrow z=r\cdot\mathrm{e}^{\mathrm{i}\varphi}$$

r Betrag, φ Argument, Azimut

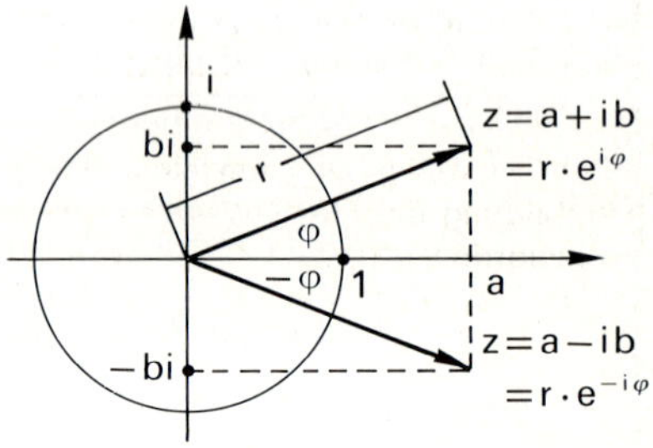

Periodizität: $\mathrm{e}^{\mathrm{i}\varphi}=\mathrm{e}^{\mathrm{i}(\varphi+2k\pi)}$ mit $k\in\mathbb{Z}$.

Produkt *Quotient* $(z_2 \neq 0)$	$z_1\cdot z_2 = r_1\cdot r_2\cdot\mathrm{e}^{\mathrm{i}(\varphi_1+\varphi_2)}$ $z_1 : z_2 = (r_1 : r_2)\,\mathrm{e}^{\mathrm{i}(\varphi_1-\varphi_2)}$
Potenz, Moivresche Formel	$z^m = r^m(\cos\varphi+\mathrm{i}\sin\varphi)^m = r^m\cdot\mathrm{e}^{\mathrm{i}m\varphi}$ $= r^m(\cos m\varphi+\mathrm{i}\sin m\varphi)$; $m\in\mathbb{Z}$
Lösungen der Gleichung $w^n=r(\cos\varphi+\mathrm{i}\sin\varphi)$	$w_k=\sqrt[n]{r}\left(\cos\left(\frac{\varphi+2k\pi}{n}\right)+\mathrm{i}\sin\left(\frac{\varphi+2k\pi}{n}\right)\right)$; $n\in\mathbb{N}^*$ und $k=0, 1, \ldots, n-1$

3. Geometrie

3.1 Abbildungen der Ebene auf sich

Kongruenzabbildungen (isometrische Abbildungen)

Eine **Kongruenzabbildung** ist eine Abbildung der Ebene auf sich, die jedem Punkt P umkehrbar eindeutig einen Bildpunkt P' zuordnet und die folgende Eigenschaften hat:

geradentreu:	das Bild einer Geraden ist wieder eine Gerade,
parallelentreu:	Bilder paralleler Geraden sind wieder parallel,
teilverhältnistreu:	das Teilverhältnis dreier Punkte ist gleich dem Teilverhältnis der drei Bildpunkte,
winkelmaßtreu:	ein Winkel und sein Bild haben das gleiche Winkelmaß,
längenmaßtreu:	eine Strecke und ihre Bildstrecke haben das gleiche Längenmaß.

Die Menge der Kongruenzabbildungen bildet bezüglich der Verkettung eine Gruppe.

Spezielle Kongruenzabbildungen:

Die **Achsenspiegelung** S_a an einer Geraden (Achse) a ist eine Abbildung der Ebene auf sich, die jedem Punkt P einen Bildpunkt P' so zuordnet, dass:
(1) P' auf der zur Achse a Senkrechten durch P liegt,
(2) die Achse a die Strecke $\overline{PP'}$ halbiert.

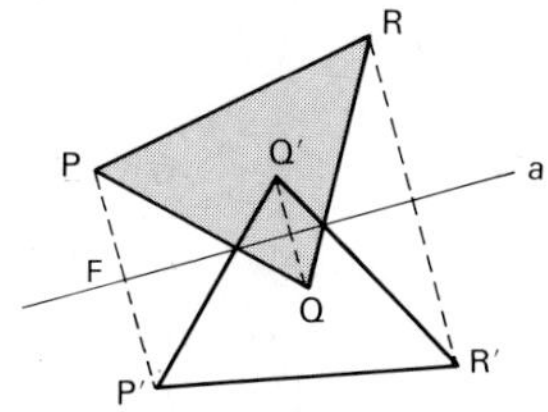

Die **Verschiebung (Translation)** $V_{\vec{a}}$ um einen Vektor $\vec{a}$ ist eine Abbildung der Ebene auf sich, die jedem Punkt P einen Bildpunkt P' so zuordnet, dass $\overrightarrow{PP'} = \vec{a}$ gilt.

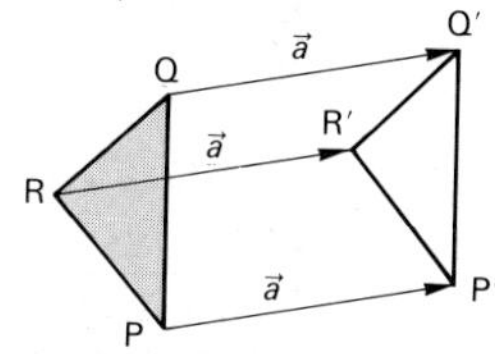

Die **Punktspiegelung** S_F an einem Punkt F ist eine Abbildung der Ebene auf sich, die jedem Punkt P einen Bildpunkt P' so zuordnet, dass:
(1) P' auf der Geraden durch P und F liegt,
(2) F die Strecke $\overline{PP'}$ halbiert.

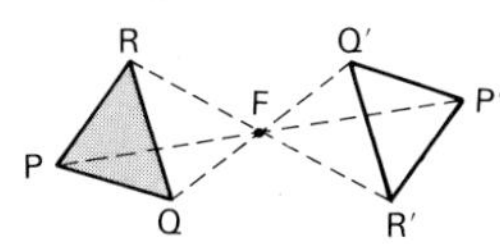

Die **Drehung** $D_{F,\delta}$ um einen Punkt F und einen Winkel δ ist eine Abbildung der Ebene auf sich, die jedem Punkt P einen Bildpunkt P' so zuordnet, dass:
(1) P' auf dem Kreis um F durch P liegt,
(2) die Strecken $\overline{FP}$ und $\overline{FP'}$ den Winkel δ einschließen.

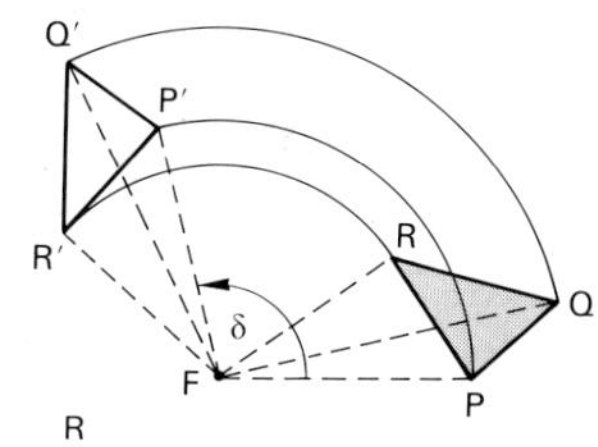

Die **Gleitspiegelung** $G_{\vec{a},a}$ ist die Verkettung der Verschiebung $V_{\vec{a}}$ und der Achsenspiegelung S_a mit $\vec{a} \parallel a$.

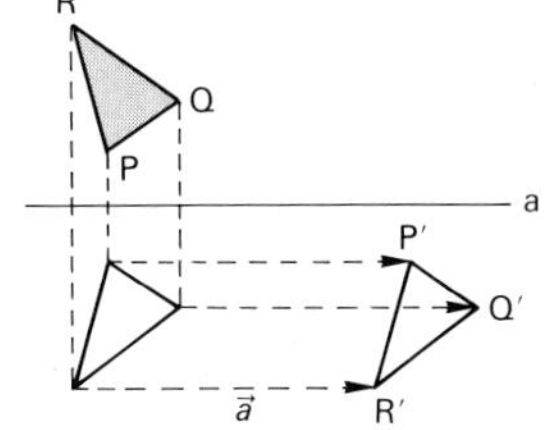

Fixelemente einer Abbildung:

F heißt **Fixpunkt** einer Abbildung, wenn das Bild von F gleich F ist.
g heißt **Fixgerade** einer Abbildung, wenn das Bild von g gleich g ist.
g heißt **Fixpunktgerade** einer Abbildung, wenn jeder Punkt von g Fixpunkt ist.

Abbildung	inverse Abb.	orientierungstreu?	Fixpunkte	Fixgeraden
Identität *id*	*id*	ja	alle Punkte	alle Geraden
Achsenspiegelung S_a	S_a	nein	alle Punkte von a	a; alle Senkrechten zu a
Verschiebung $V_{\vec{a}}$	$V_{-\vec{a}}$	ja	keine ($\vec{a} \neq \vec{o}$)	alle Parallelen mit Richtung $\vec{a}$ ($\vec{a} \neq \vec{o}$)
Punktspiegelung S_F	S_F	ja	F	alle Geraden durch F
Drehung $D_{F,\delta}$	$D_{F,-\delta}$	ja	F ($\delta \neq 0°$)	keine ($\delta \neq 0°$, 180°)
Gleitspiegelung $G_{\vec{a},a}$	$G_{-\vec{a},a}$	nein	keine ($\vec{a} \neq \vec{o}$)	a ($\vec{a} \neq \vec{o}$)

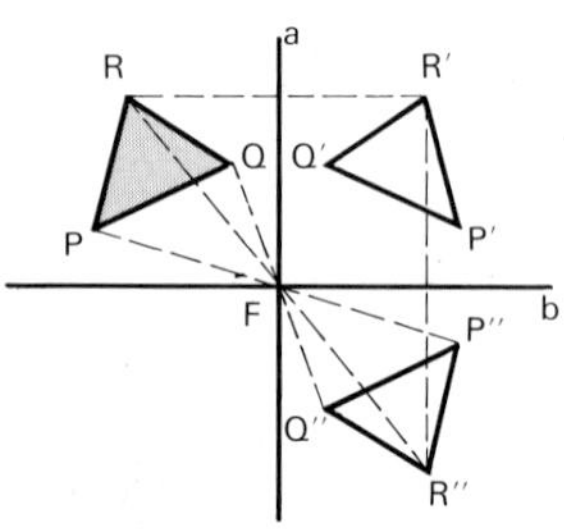

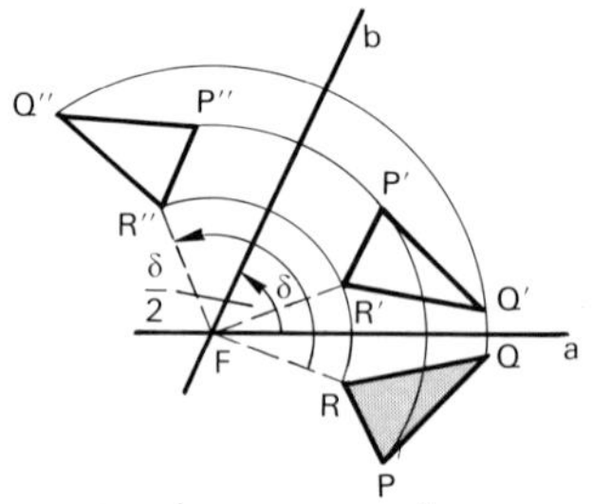

Verkettung von Achsenspiegelungen:

Falls $a \cap b = \{F\}$ und $2 \cdot \measuredangle(a, b) = \delta$, gilt:

$S_b \circ S_a = D_{F,\delta}$ *(Drehung)*

$S_a \circ S_b = D_{F,-\delta}$ *(Gegendrehung)*

Falls $a \cap b = \{F\}$ und $a \perp b$, gilt:

$S_b \circ S_a = S_a \circ S_b = S_F$ *(Punktspiegelung)*

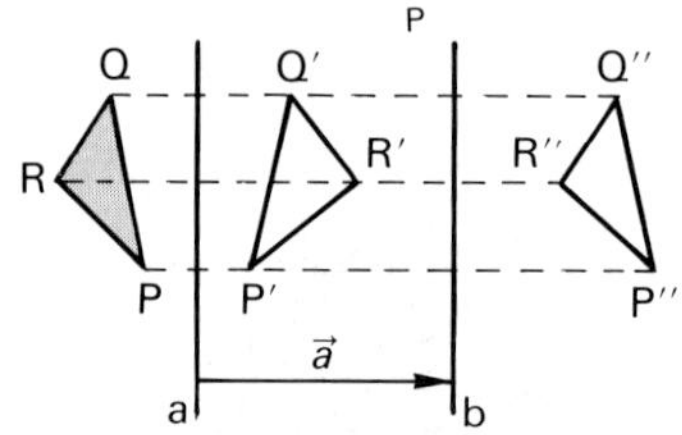

Falls $a \parallel b$ und $\vec{a}$ der Abstandsvektor von a nach b, gilt:

$S_b \circ S_a = V_{2 \cdot \vec{a}}$ *(Verschiebung)*

$S_a \circ S_b = V_{-2 \cdot \vec{a}}$ *(Gegenverschiebung)*

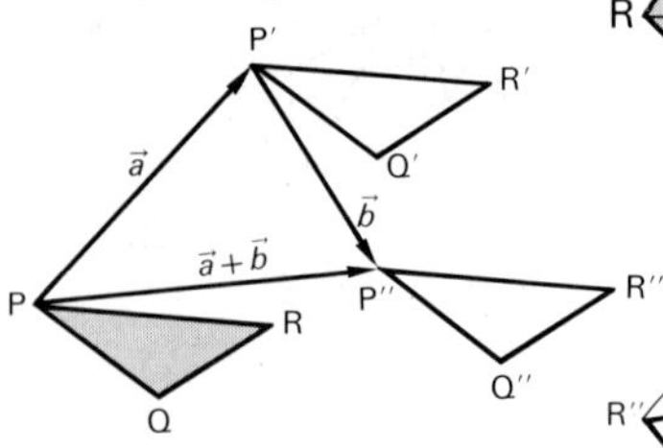

Verkettung von Verschiebungen:

$V_{\vec{a}} \circ V_{\vec{b}} = V_{\vec{b}} \circ V_{\vec{a}} = V_{\vec{a}+\vec{b}}$ *(Verschiebung)*

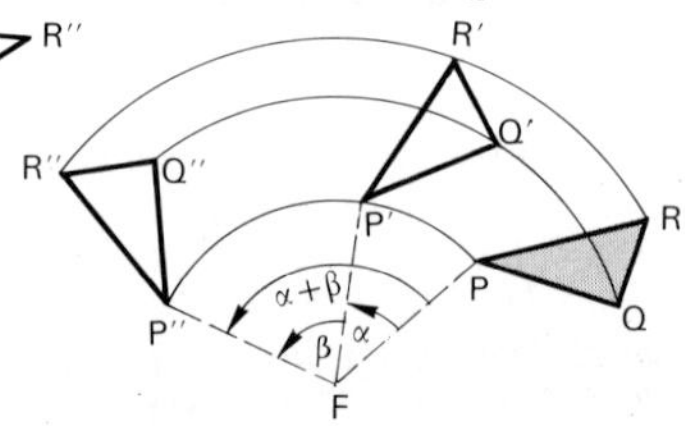

Verkettung von Drehungen bei gemeinsamem Drehpunkt F:

$D_{F,\beta} \circ D_{F,\alpha} = D_{F,\alpha} \circ D_{F,\beta} = D_{F,\alpha+\beta}$ *(Drehung)*

Jede Kongruenzabbildung ist eine Verkettung endlich vieler Achsenspiegelungen.

Die Verkettung einer geraden Anzahl von Achsenspiegelungen ist eine Drehung oder Verschiebung (gleichsinnige Kongruenzabbildung).

Die Verkettung einer ungeraden Anzahl von Achsenspiegelungen ist eine Gleitspiegelung oder eine Achsenspiegelung (ungleichsinnige Kongruenzabbildung).

Ähnlichkeitsabbildungen

Eine **Ähnlichkeitsabbildung** ist eine Abbildung der Ebene auf sich, die jedem Punkt P umkehrbar eindeutig einen Bildpunkt P' zuordnet und die geradentreu, parallelentreu, teilverhältnistreu und winkelmaßtreu ist.

Vergleiche Seite 55.

Die Menge der Ähnlichkeitsabbildungen bildet bezüglich der Verkettung eine Gruppe.

Spezielle Ähnlichkeitsabbildungen: Kongruenzabbildungen, zentrische Streckung

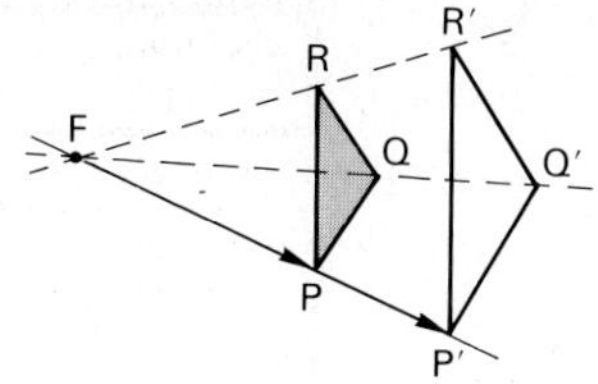

> Die **zentrische Streckung $Z_{F,k}$** mit dem Zentrum F und dem *Streckfaktor* k ($k \neq 0$) ist eine Abbildung der Ebene auf sich, die jedem Punkt P einen Bildpunkt P' so zuordnet, dass
> (1) P' auf der Geraden durch F und P liegt, (2) $\overrightarrow{FP'} = k \cdot \overrightarrow{FP}$.

Sonderfälle: **Punktspiegelung** an F, $k=-1$; Identische Abbildung, $k=1$.
Längenmaße ändern sich im Verhältnis $1:|k|$, Flächenmaße im Verhältnis $1:k^2$.

Abbildung	inverse Abbildung	orientierungstreu?	Fixpunkte	Fixgeraden
zentr. Streckung $Z_{F,k}$	$Z_{F,\frac{1}{k}}$	ja	F ($k \neq 1$)	alle Geraden durch F
Drehstreckung $Z_{F,k} \circ D_{F,\delta}$ ($= D_{F,\delta} \circ Z_{F,k}$)	$D_{F,-\delta} \circ Z_{F,\frac{1}{k}}$	ja	F ($\delta \neq 0°$; 180°)	keine ($\delta \neq 0°$; 180°)
Spiegelstreckung ($F \in a$) $Z_{F,k} \circ S_a$ ($= S_a \circ Z_{F,k}$)	$S_a \circ Z_{F,\frac{1}{k}}$	nein	F ($k \neq 1$)	a; Senkrechte zu a durch F

Verkettung von zentrischen Streckungen:

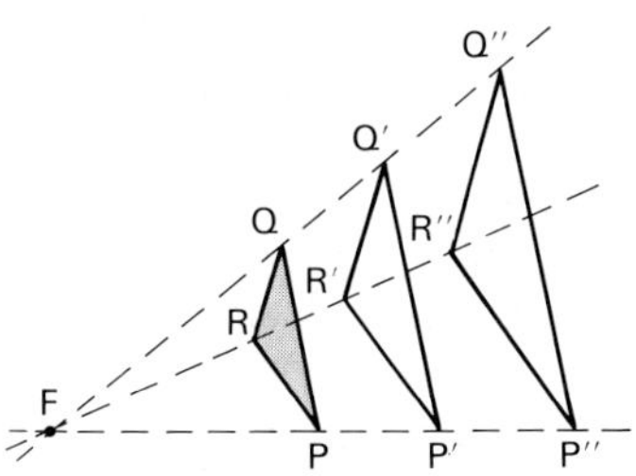

gemeinsames Zentrum:

$Z_{F,l} \circ Z_{F,k} = Z_{F,k \cdot l}$

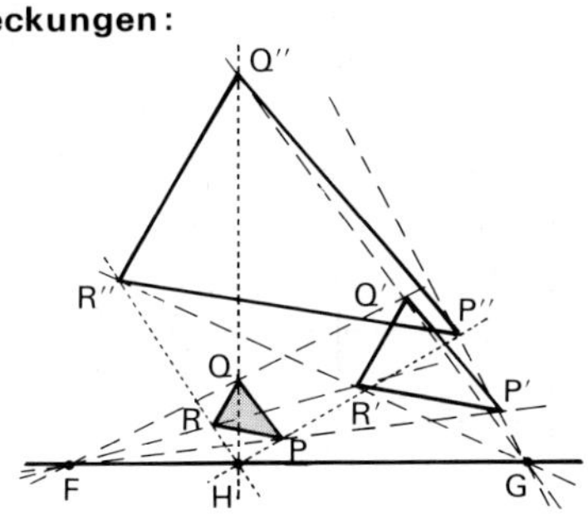

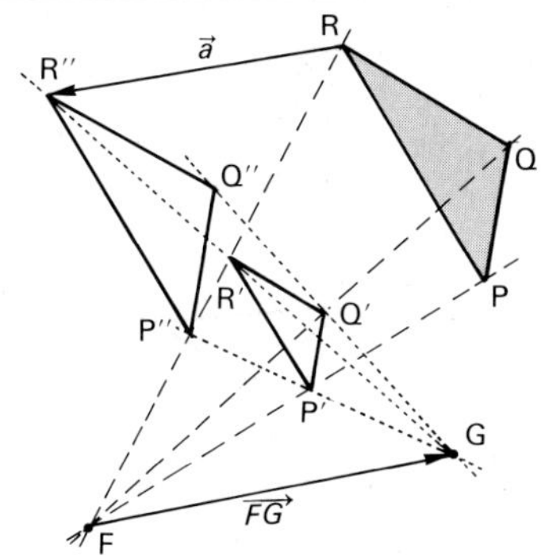

Zentren F und G verschieden

und $k \cdot l \neq 1$:

$Z_{G,l} \circ Z_{F,k} = Z_{H,k \cdot l}$

mit $\overrightarrow{FH} = \dfrac{1-l}{1-k \cdot l} \cdot \overrightarrow{FG}$

und $k \cdot l = 1$:

$Z_{G,l} \circ Z_{F,k} = V_{\vec{a}}$

mit $\vec{a} = (1-l)\,\overrightarrow{FG}$

Verkettung einer zentrischen Streckung und einer Verschiebung (perspektive Ähnlichkeitsabbildung):

$V_{\vec{a}} \circ Z_{F,k} = Z_{G,k}$

mit

$\overrightarrow{FG} = \dfrac{1}{1-k} \cdot \vec{a}$ ($k \neq 1$)

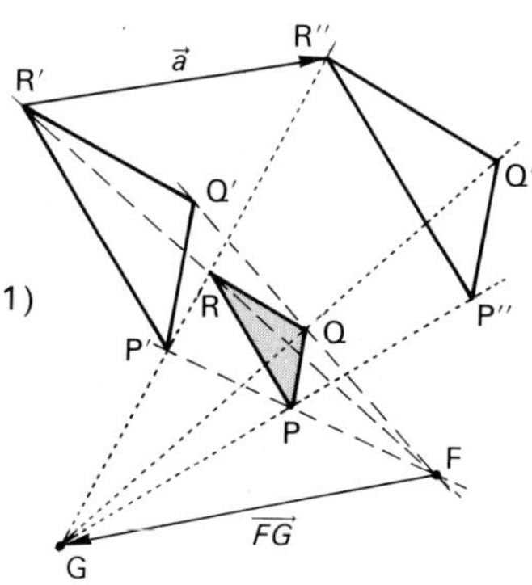

$Z_{F,k} \circ V_{\vec{a}} = Z_{G,k}$

mit

$\overrightarrow{FG} = \dfrac{k}{1-k} \cdot \vec{a}$ ($k \neq 1$)

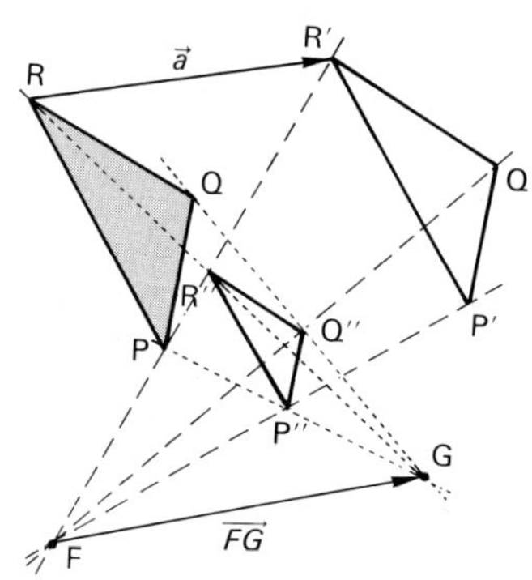

> Jede **Ähnlichkeitsabbildung** ist eine Verkettung *endlich* vieler Kongruenzabbildungen und zentrischer Streckungen.

Eine *gleichsinnige* Ähnlichkeitsabbildung ist eine gleichsinnige Kongruenzabbildung oder eine zentrische Streckung oder eine Drehstreckung.
Eine *ungleichsinnige* Ähnlichkeitsabbildung ist eine ungleichsinnige Kongruenzabbildung oder eine Spiegelstreckung.

Gruppe der Ähnlichkeitsabbildungen und Untergruppen (bezüglich der Verkettung)

$Ä$ Gruppe der Ähnlichkeitsabbildungen
$Ä^+$ Gruppe der gleichsinnigen Ähnlichkeitsabbildungen
K Gruppe der Kongruenzabbildungen
K^+ Gruppe der gleichsinnigen Kongruenzabbildungen
P Gruppe der perspektiven Ähnlichkeitsabbildungen
D Gruppe der Drehungen um einen festen Punkt
V Gruppe der Verschiebungen
Z Gruppe der zentr. Streckungen mit festem Zentrum

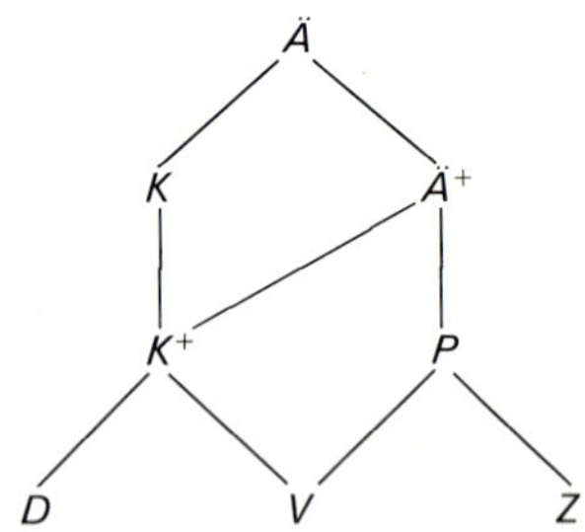

Affine Abbildungen

> Eine **affine Abbildung** ist eine Abbildung der Ebene auf sich, die jedem Punkt P umkehrbar eindeutig einen Bildpunkt P' zuordnet und die geradentreu, parallelentreu und teilverhältnistreu ist.

Eigenschaften vergleiche Seite 54 ff.
Die Menge der affinen Abbildungen bildet bezüglich der Verkettung eine *Gruppe*.

Spezielle affine Abbildungen: Kongruenzabbildungen, Ähnlichkeitsabbildungen und die folgenden:

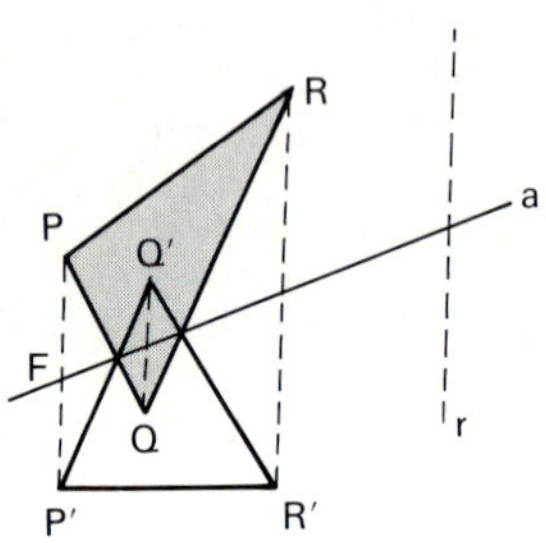

> Die **Schrägspiegelung** an einer Achse a mit der Richtungsgeraden r, wobei $r \nparallel a$, ist eine Abbildung der Ebene auf sich, die jedem Punkt P einen Bildpunkt P' so zuordnet, dass
> (1) P' auf der Parallelen h zu r durch P liegt,
> (2) $\overrightarrow{FP'} = -\overrightarrow{FP}$ (F Schnittpunkt von a und h).

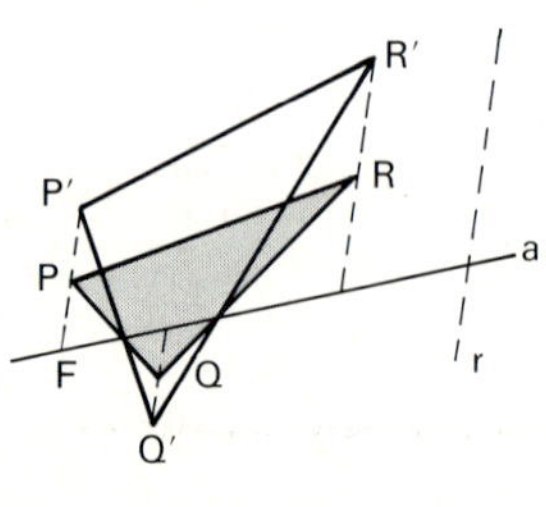

> Die **axiale Affinität** an einer Achse a mit der Richtungsgeraden r, wobei $r \nparallel a$, und dem Maßstab k $(k \neq 0)$ ist eine Abbildung der Ebene auf sich, die jedem Punkt P einen Bildpunkt P' so zuordnet, dass
> (1) P' auf der Parallelen h zu r durch P liegt,
> (2) $\overrightarrow{FP'} = k \cdot \overrightarrow{FP}$ (F Schnittpunkt von a und h).
> (Sonderfall $k = -1$ Schrägspiegelung.)

Die **Scherung** an einer Achse a ist eine Abbildung der Ebene auf sich, die jedem Punkt P einen Bildpunkt P' so zuordnet, dass:
(1) alle Punkte der Achse a Fixpunkte sind,
(2) die Bilder paralleler Geraden wieder parallele Bildgeraden sind (Geradentreue, Parallelentreue),
(3) jede Gerade PP' parallel zu a läuft.
(Festlegung einer *Scherung* durch a sowie einen Punkt A und dessen Bild A' mit $AA' \| a$.)

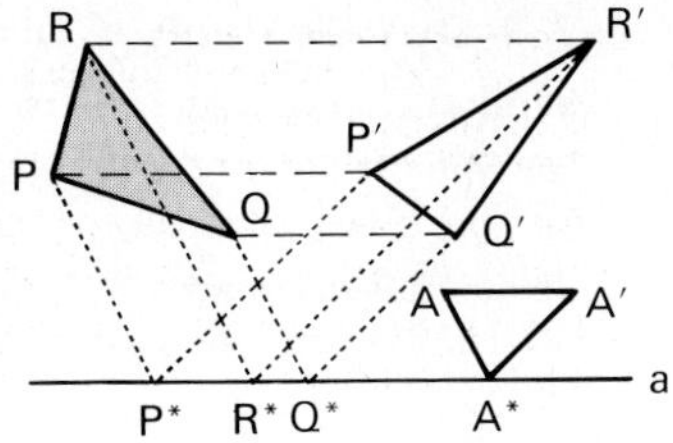

Abbildung	inverse Abb.	orientierungstreu?	Fixpunkte	Fixgeraden
Schrägspiegelung $\sigma_{a,r}$	$\sigma_{a,r}$	nein	alle Punkte von a	a; alle Parallelen zu r
Axiale Affinität $\sigma_{a,r,k}$	$\sigma_{a,r,\frac{1}{k}}$	$k>0$ ja $k<0$ nein	alle Punkte von a ($k \neq 1$)	a; alle Parallelen zu r ($k \neq 1$)
Scherung $\sigma_{a,AA'}$	$\sigma_{a,A'A}$	ja	alle Punkte von a	a; alle Parallelen zu a

Scherung und *Schrägspiegelung* sind flächenmaßtreu.

Jede affine Abbildung ist eine Verkettung zweier axialer Affinitäten.

3.2 Winkelpaare

Name	Figur	Beziehungen für deren Winkelmaße
Nebenwinkel (z.B.: α_1 und α_2)	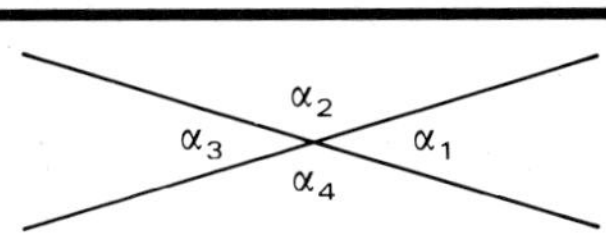	$\alpha_1+\alpha_2=180°$; $\alpha_3+\alpha_4=180°$ $\alpha_2+\alpha_3=180°$; $\alpha_4+\alpha_1=180°$
Scheitelwinkel (z.B.: α_1 und α_3)		$\alpha_1=\alpha_3$; $\alpha_2=\alpha_4$
Stufenwinkel an geschnittenen Parallelen (z.B.: α_1 und β_1)	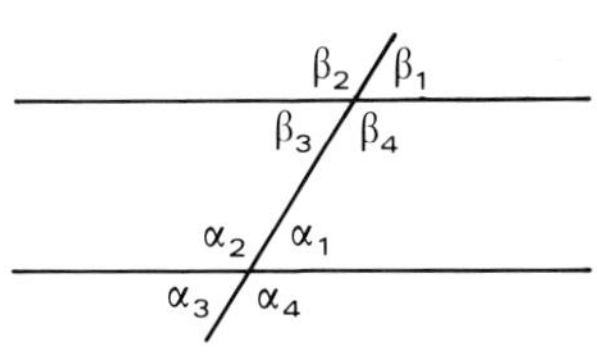	$\alpha_1=\beta_1$; $\alpha_2=\beta_2$ $\alpha_3=\beta_3$; $\alpha_4=\beta_4$
Wechselwinkel an geschnittenen Parallelen (z.B.: α_1 und β_3)		$\alpha_1=\beta_3$; $\alpha_2=\beta_4$ $\alpha_3=\beta_1$; $\alpha_4=\beta_2$
Winkel, deren Schenkel *paarweise senkrecht* aufeinanderstehen	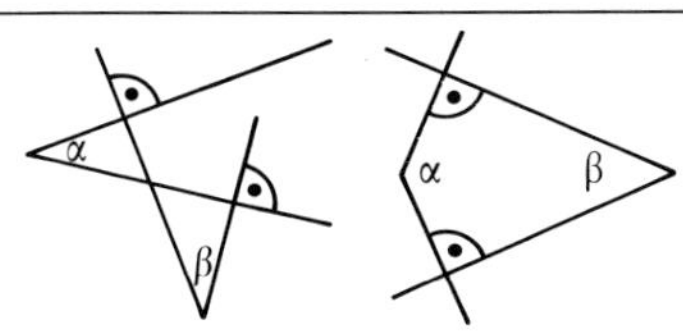	$\alpha=\beta$ beziehungsweise $\alpha+\beta=180°$

3.3 Das Dreieck

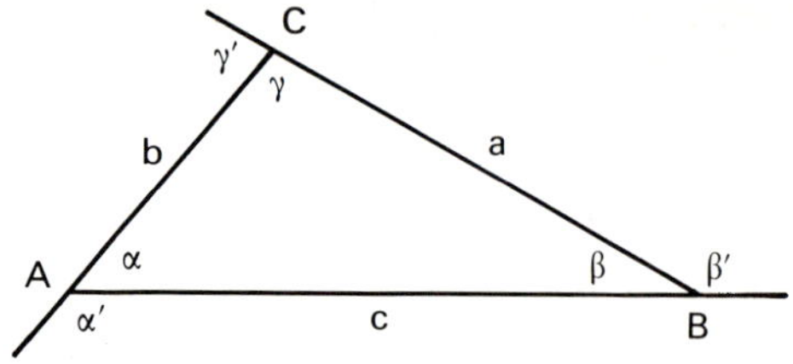

Winkel und Seiten im Dreieck

Die Summe der Innenwinkel ist 180°:
$\alpha+\beta+\gamma=180°$.

Jeder **Außenwinkel** ist gleich der Summe der beiden nicht anliegenden **Innenwinkel:**

$\alpha+\beta=\gamma'$; $\beta+\gamma=\alpha'$; $\gamma+\alpha=\beta'$.

Die Summe zweier Seiten ist größer als die dritte Seite **(Dreiecksungleichung):**

$a+b>c$; $b+c>a$; $c+a>b$.

Der Betrag der Differenz zweier Seiten ist kleiner als die dritte Seite:

$|a-b|<c$; $|b-c|<a$; $|c-a|<b$.

Der größeren Seite liegt der größere Winkel gegenüber und umgekehrt.

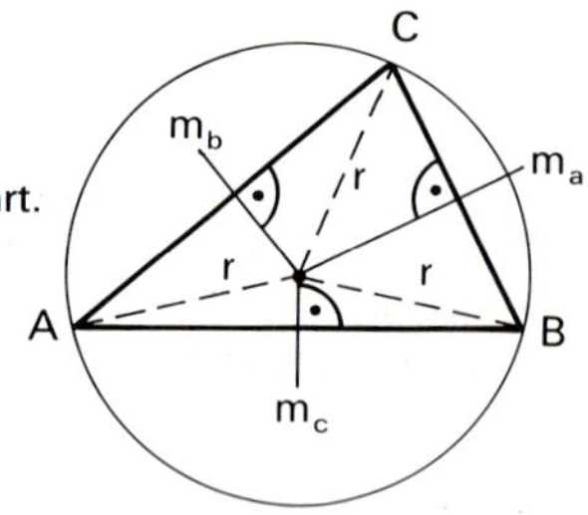

Ausgezeichnete Punkte

Umkreismittelpunkt:

Die 3 *Mittelsenkrechten* schneiden sich in einem Punkt, dem *Umkreismittelpunkt.*

Inkreismittelpunkt:

Die 3 *Innenwinkelhalbierenden* schneiden sich in einem Punkt, dem *Inkreismittelpunkt.*

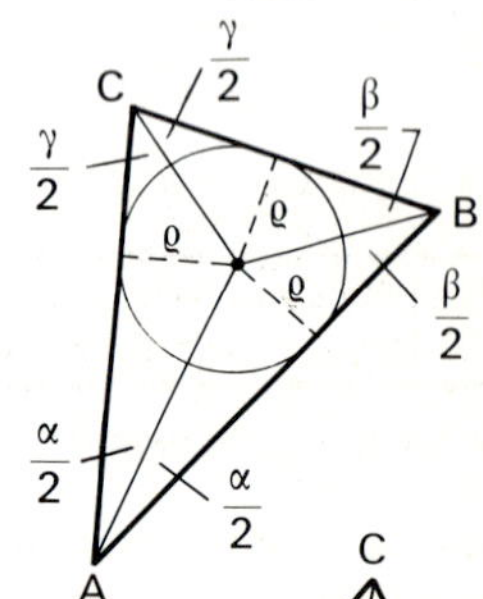

Höhenschnittpunkt:

Die 3 *Höhen* schneiden sich in einem Punkt, dem *Höhenschnittpunkt.*

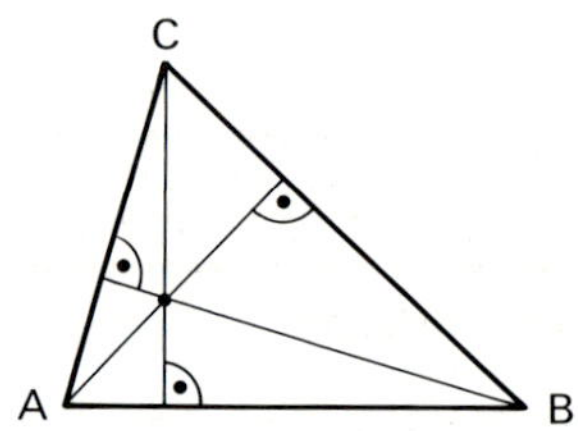

Schwerpunkt:

Die 3 *Seitenhalbierenden (Schwerlinien)* schneiden sich in einem Punkt, dem *Schwerpunkt.* Dieser teilt jede Seitenhalbierende vom Eckpunkt des Dreiecks aus im Verhältnis 2:1 (z.B. $|AS|=2\cdot|SM_a|$).

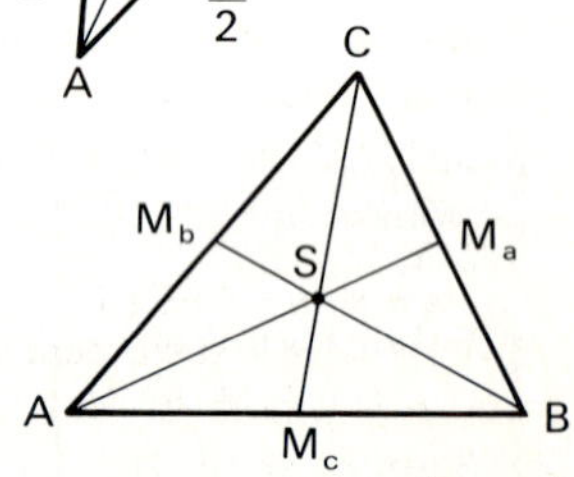

Längen und Flächeninhalt

h_a *Höhe* auf a usw.; r *Umkreisradius;* ρ *Inkreisradius;* A *Flächeninhalt*

Umfang: $u=a+b+c$

Inkreisradius: $\rho=\sqrt{\frac{(s-a)\cdot(s-b)\cdot(s-c)}{s}}$ mit $s=\frac{a+b+c}{2}=\frac{u}{2}$ **Umkreisradius:** $r=\frac{abc}{4A}=\frac{abc}{4\rho s}$

Flächeninhalt: $A=\frac{1}{2}\cdot a\,h_a=\frac{1}{2}\cdot b\,h_b=\frac{1}{2}\cdot c\,h_c$; $A=\frac{abc}{4r}=\rho\cdot s=\sqrt{s(s-a)\cdot(s-b)\cdot(s-c)}$ *(Heron)*

$A=\frac{1}{2}ab\cdot\sin\gamma$ (siehe Seite 33) (siehe auch Seite 13, Ziffer 8, „Determinante"!)

Achsensymmetrisches Dreieck

> Ein Dreieck heißt *achsensymmetrisch,* wenn eine Ecke auf der Symmetrieachse *(Mittelsenkrechte)* der Gegenseite liegt.

Ein *gleichschenkliges* Dreieck (2 gleichlange Seiten) ist achsensymmetrisch.
Ein Dreieck mit 2 gleichgroßen Innenwinkeln ist achsensymmetrisch.

Höhe: $h_c=\sqrt{a^2-\left(\frac{c}{2}\right)^2}$

c	Basis	C	Spitze
α, β	Basiswinkel	a, b	Schenkel

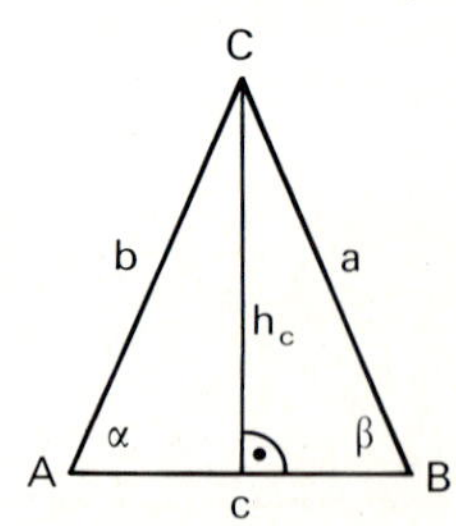

Gleichseitiges (reguläres) Dreieck ($a=b=c$)

Ein Dreieck ist genau dann *gleichseitig,* wenn alle 3 Winkel gleich groß sind. ($\alpha=\beta=\gamma=60°$)
Die Mittelsenkrechten der Seiten sind Symmetrieachsen. Der Schwerpunkt ist Drehzentrum.

Höhen: $h=\frac{a}{2}\sqrt{3}$; Umkreisradius: $r=\frac{a}{3}\sqrt{3}$; Inkreisradius: $\rho=\frac{a}{6}\sqrt{3}=\frac{1}{2}r=\frac{1}{3}h$;
Flächeninhalt: $A=\frac{a^2}{4}\cdot\sqrt{3}$

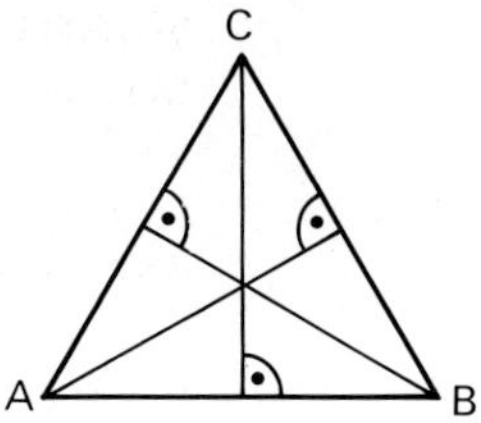

Rechtwinkliges Dreieck (z.B.: $\gamma=90°$)

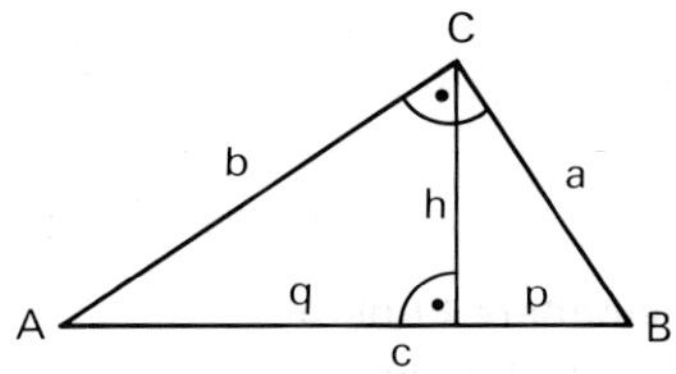

c Hypotenuse
a, b Katheten

Satz von *Pythagoras:*	$a^2+b^2=c^2$
Kathetensatz: (1. Satz des Euklid)	$a^2=p\cdot c;\ b^2=q\cdot c;\ (c=p+q)$
Höhensatz: (2. Satz des Euklid)	$h^2=p\cdot q$
Flächeninhalt:	$A=\frac{1}{2}\cdot a\cdot b=\frac{1}{2}\cdot h\cdot c$

Pythagoreische Zahlentripel $a, b, c\in\mathbb{N}$ mit $a^2+b^2=c^2$
Berechenbar aus $a=u\cdot v$; $b=\frac{1}{2}(u^2-v^2)$; $c=\frac{1}{2}(u^2+v^2)$ bei $u>v$ und u, v *teilerfremd.*

Kongruenz bei Dreiecken

> Zwei Dreiecke ABC und $A'B'C'$ heißen **kongruent**, wenn es eine Kongruenzabbildung gibt, die das Dreieck ABC auf das Dreieck $A'B'C'$ abbildet.

Die Kongruenzrelation ist eine Äquivalenzrelation.

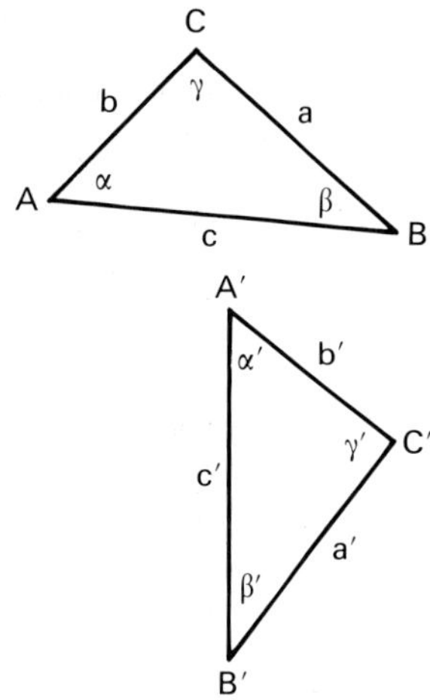

Kongruenzsätze: Dreiecke sind *kongruent,* wenn sie in
(1) drei Seiten übereinstimmen (*sss*) ($a=a'$; $b=b'$; $c=c'$) *oder*
(2) zwei Seiten und dem von diesen eingeschlossenen Winkel übereinstimmen (*sws*) (z.B.: $b=b'$; $c=c'$; $\alpha=\alpha'$) oder
(3) einer Seite und den anliegenden Winkeln übereinstimmen (*wsw*) (z.B.: $c=c'$; $\alpha=\alpha'$; $\beta=\beta'$) oder
(4) zwei Seiten und dem Gegenwinkel der größeren Seite übereinstimmen (*ssw*) (z.B.: $a=a'$; $b=b'$; $\alpha=\alpha'$; $a>b$).

Ähnlichkeit bei Dreiecken

> Zwei Dreiecke ABC und $A'B'C'$ heißen **ähnlich**, wenn es eine Ähnlichkeitsabbildung gibt, die das Dreieck ABC auf das Dreieck $A'B'C'$ abbildet.

Die Ähnlichkeitsrelation ist eine Äquivalenzrelation.

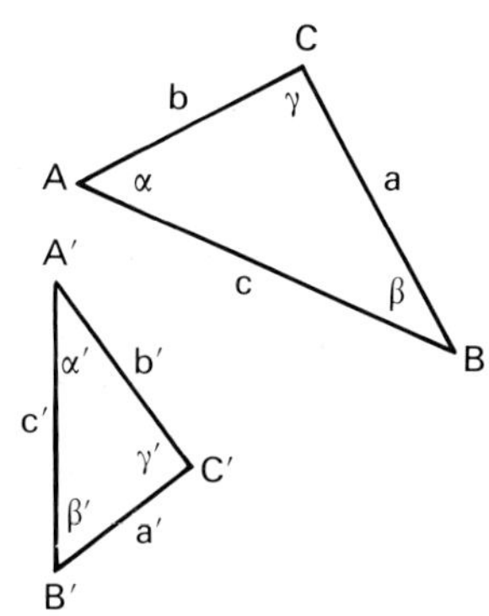

Ähnlichkeitssätze: Zwei Dreiecke sind *ähnlich,* wenn
(1) die Quotienten der Längen entsprechender Seiten gleich sind ($a:a'=b:b'=c:c'$) oder
(2) zwei Quotienten der Längen entsprechender Seiten und die von diesen Seiten eingeschlossenen Winkel gleich sind (z.B.: $a:a'=b:b'$; $\gamma=\gamma'$) oder
(3) zwei entsprechende Winkel jeweils gleich groß sind (z.B.: $\alpha=\alpha'$; $\beta=\beta'$) oder
(4) zwei Quotienten der Längen entsprechender Seiten und die Gegenwinkel der größeren Seiten gleich sind (z.B.: $a:a'=c:c'$; $\gamma=\gamma'$; $c>a$).

3.4 Das Viereck
(einfache Vierecke)

beliebiges **Viereck**

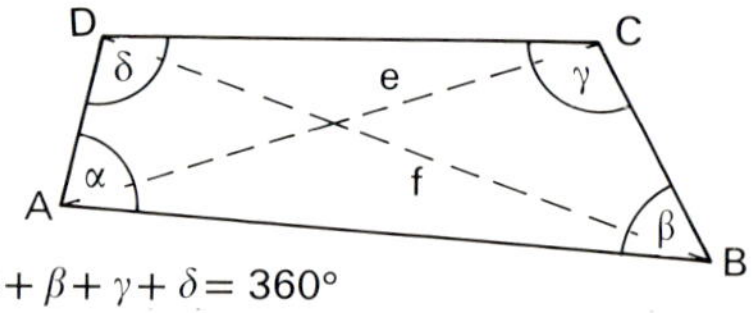

$\alpha+\beta+\gamma+\delta=360°$

Trapez

$a \parallel c$

m_1 Schrägachse

$A=\frac{a+c}{2}\cdot h$

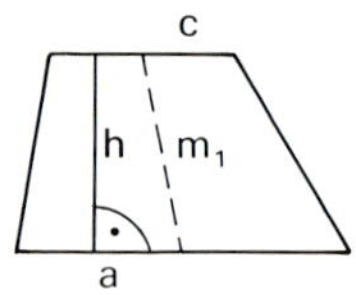

Drachen

f halbiert e

f Schrägachse

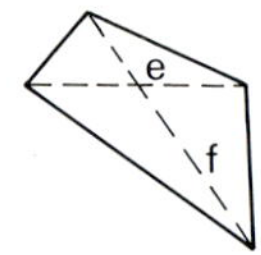

Achsensymmetrisches Trapez

Trapez mit Symmetrieachse m_2

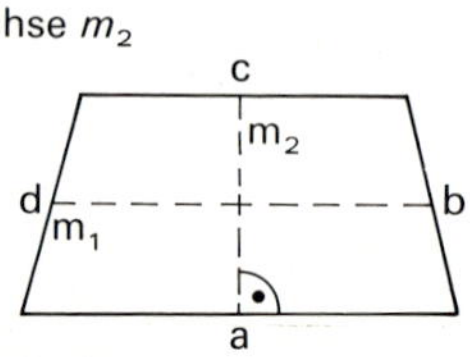

$m_1 \perp m_2$

$b=d;\ m_1=\frac{a+c}{2}\ ;\ m_2=h$

$A=m_1\cdot h$

Parallelogramm

$a \parallel c$ und $b \parallel d$

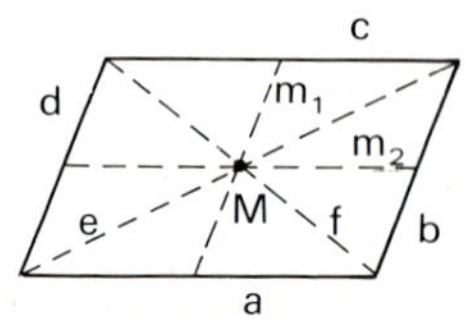

M Mittelpunkt

m_1, m_2, e, f Schrägachsen

$a=c;\ b=d$

e und f halbieren sich.

$u=2(a+b);\ \ A=ah$

Achsensymmetrischer Drachen

Drachen mit Symmetrieachse f

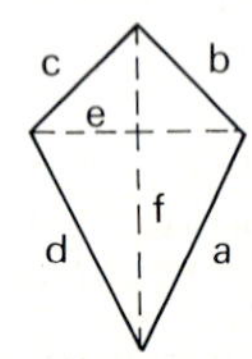

$e \perp f;\ f$ halbiert e

$a=d;\ b=c$

$u=2(a+b);\ \ A=\frac{1}{2}ef$

Rechteck

$\alpha=\beta=\gamma=\delta=90°$

$a=c;\ b=d$

$e=f=\sqrt{a^2+b^2}$

$u=2(a+b);\ A=ab$

M Mittelpunkt

e, f Schrägachsen

m_1, m_2 Symmetrieachsen

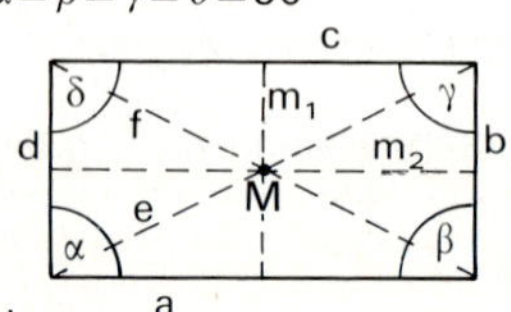

Raute *(Rhombus)*

$a=b=c=d$

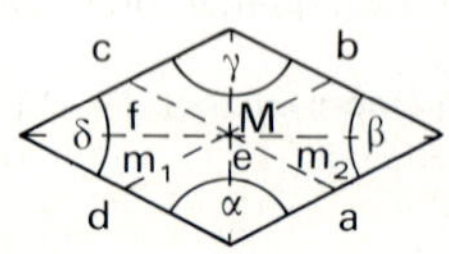

$\alpha=\gamma;\ \beta=\delta;\ e \perp f$

$e^2+f^2=4a^2;$

$u=4a;\ A=\frac{1}{2}ef$

M Mittelpunkt

e, f Symmetrieachsen

m_1, m_2 Schrägachsen

Quadrat

$\alpha=\beta=\gamma=\delta=90°$ und $a=b=c=d$

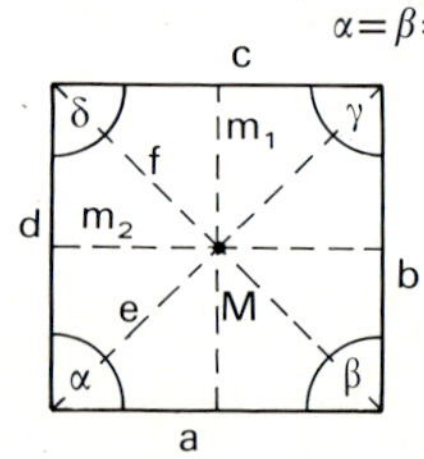

$e=f=a\sqrt{2};\ e \perp f$

$u=4a;\ A=a^2$

M Mittelpunkt und Drehzentrum (90°)

m_1, m_2, e, f Symmetrieachsen

Klassifizierung nach den Diagonalen e, f und den Verbindungsstrecken m_1, m_2 der Mittelpunkte gegenüberliegender Seiten, die sukzessive als Schräg- bzw. Symmetrieachsen auftreten.

3.5 Das n-Eck

Summe der Innenwinkel: $(n-2)\cdot 180°$; Anzahl der Diagonalen: $\frac{1}{2}\cdot n\cdot(n-3)$.

Regelmäßiges (reguläres) n-Eck: s_n ist die Seite des *einbeschriebenen*, S_n ist die Seite des *umbeschriebenen* regelmäßigen n-Ecks für den Kreis mit Radius r.

$$S_n = \frac{2rs_n}{\sqrt{4r^2-s_n^2}} \qquad s_{2n}^2 = 2r^2 - r\sqrt{4r^2-s_n^2}$$

n	3	4	5	6	8	10	12
s_n	$r\sqrt{3}$	$r\sqrt{2}$	$\frac{r}{2}\sqrt{10-2\sqrt{5}}$	r	$r\sqrt{2-\sqrt{2}}$	$\frac{r}{2}(\sqrt{5}-1)$	$r\sqrt{2-\sqrt{3}}$
S_n	$2r\sqrt{3}$	$2r$	$2r\sqrt{5-2\sqrt{5}}$	$\frac{2}{3}r\sqrt{3}$	$2r(\sqrt{2}-1)$	$\frac{2}{5}r\sqrt{25-10\sqrt{5}}$	$2r(2-\sqrt{3})$

3.6 Der Kreis

Der **Kreis** *(Kreislinie)* um M mit Radius r ist die Menge aller Punkte P, für die gilt: $|MP|=r$. *)

(offene Kreisscheibe: $|MP|<r$; abgeschlossene Kreisscheibe: $|MP|\le r$)

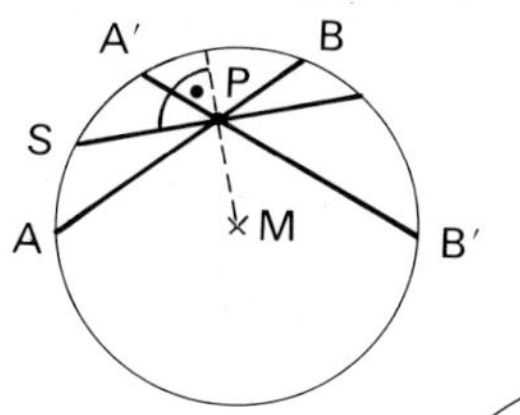

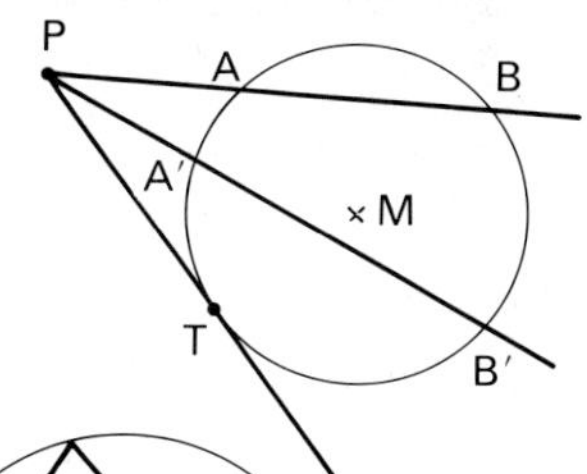

Sätze am Kreis

Sekantensatz: $|PA|\cdot|PB|=|PA'|\cdot|PB'|$

Tangentensatz: $|PA|\cdot|PB|=|PT|^2$

Sehnensatz: $|PA|\cdot|PB|=|PA'|\cdot|PB'|$

Halbsehnensatz: $|PA|\cdot|PB|=|PS|^2$

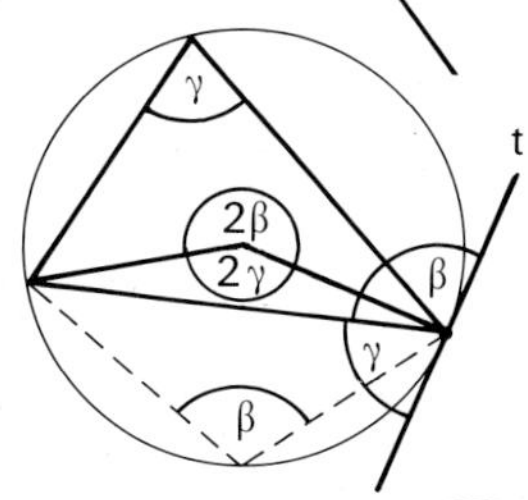

Umfangswinkel über gleich langen Bogen sind gleich groß, und zwar halb so groß wie der zugehörige *Mittelpunktwinkel* (Zentriwinkel).
Sehnen-Tangentenwinkel sind gleich groß wie die entsprechenden Umfangswinkel.
Satz von **Thales:** Wenn in einem Dreieck der Umkreismittelpunkt die Mitte einer Seite ist, dann ist deren Gegenwinkel ein Rechter.
Umkehrung: Im rechtwinkligen Dreieck ist der Umkreismittelpunkt die Mitte der Hypotenuse.

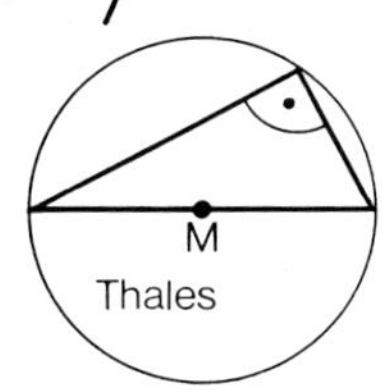

Längen und Flächeninhalte beim Kreis

Kreisumfang: $u=2\pi r=\pi d$; *Flächeninhalt* des Kreises: $A=\pi r^2=\frac{\pi}{4}d^2$.
Zum Mittelpunktswinkel (Zentriwinkel) α gehören:

Bogenlänge: $b=\frac{\pi\cdot r\cdot\alpha}{180°}=r\cdot\operatorname{arc}\alpha$

Bogenmaß: $\operatorname{arc}\alpha=\frac{\pi\cdot\alpha}{180°}$; $\alpha=\frac{180°}{\pi}\cdot\operatorname{arc}\alpha$

Flächeninhalt des *Kreissektors*: $A_1=\frac{1}{2}br=\frac{\pi r^2\alpha}{360°}=\frac{1}{2}r^2\operatorname{arc}\alpha$
(Kreisausschnitt: $A_1=A_2+A_\triangle$)

Flächeninhalt des *Kreissegments*: $A_2=A_1-A_\triangle=\frac{1}{2}r^2(\operatorname{arc}\alpha-\sin\alpha)$
(Kreisabschnitt)

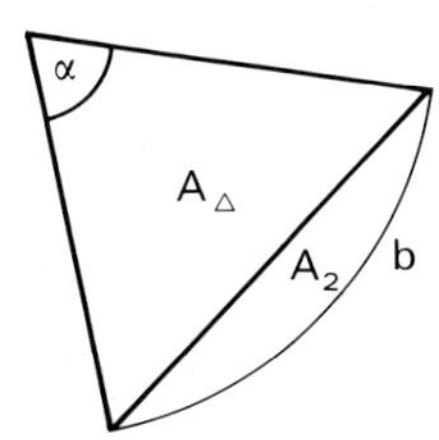

*) Schreibweisen für Länge der Strecke $\overline{MP}$: $|MP|$, $|\overline{MP}|$, $d(M, P)$

Kreisvierecke

Sehnenviereck: Viereck mit Umkreis
Sehnenviereck $\Leftrightarrow \alpha+\gamma=\beta+\delta=180°$
$a \cdot c+b \cdot d = e \cdot f$ *(Ptolemäus)*

Tangentenviereck: Viereck mit Inkreis
Tangentenviereck $\Leftrightarrow a+c=b+d$

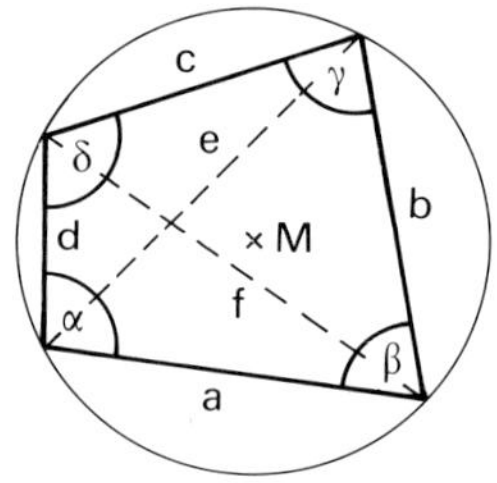

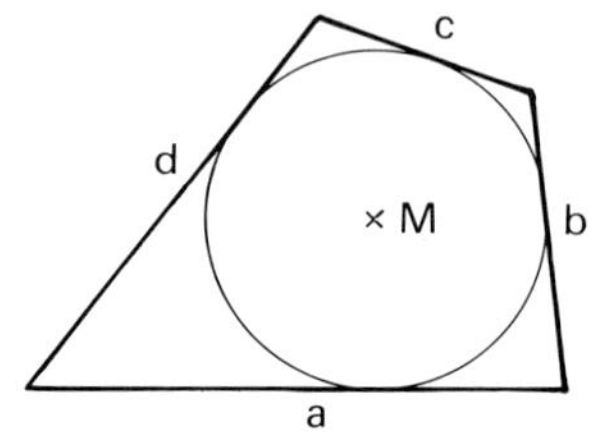

3.7 Strahlensätze, Teilung einer Strecke

Strahlensätze:

(1) Wenn $AA' \parallel BB'$, dann $|SA|:|SB|=|SA'|:|SB'|$ und umgekehrt.
(2) Wenn $AA' \parallel BB'$, dann $|SA|:|SB|=|AA'|:|BB'|$.

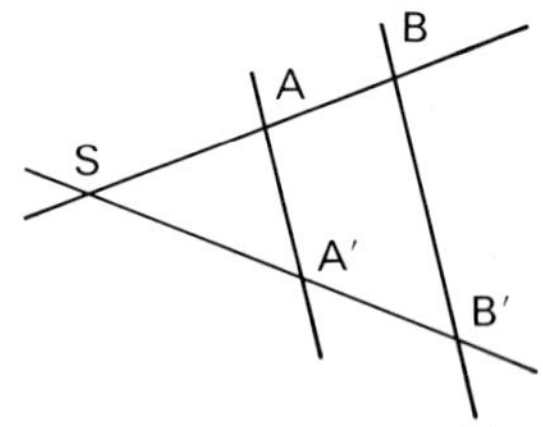

Teilverhältnis:

1. Möglichkeit:
T teilt $\overline{AB}$ im Verhältnis t, wenn $\overrightarrow{AT}=t \cdot \overrightarrow{TB}$

2. Möglichkeit:
T teilt $\overline{AB}$ im Verhältnis x, wenn $\overrightarrow{AT}=x \cdot \overrightarrow{AB}$

Zusammenhang: $t=\dfrac{x}{1-x} \quad (x \neq 1)$

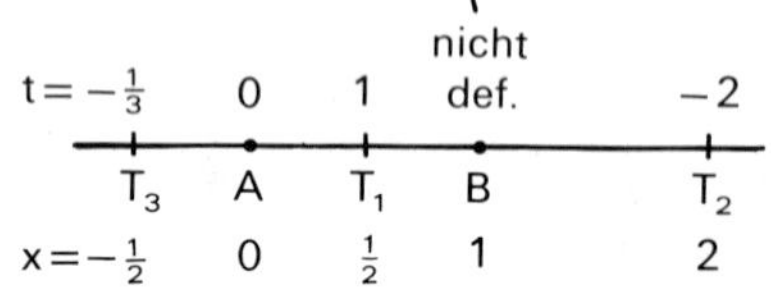

Harmonische Teilung:

C und D teilen $\overline{AB}$ *harmonisch*, wenn $\overline{AB}$ von C im Verhältnis t und von D im Verhältnis $-t$ geteilt wird oder
C und D teilen $\overline{AB}$ *harmonisch*, wenn
(1) A, B, C und D auf einer Geraden liegen,
(2) $C \in \overline{AB}$, $D \notin \overline{AB}$, $C \neq B$ und $D \neq B$ und
(3) $|AD|:|BD|=|AC|:|BC|$.

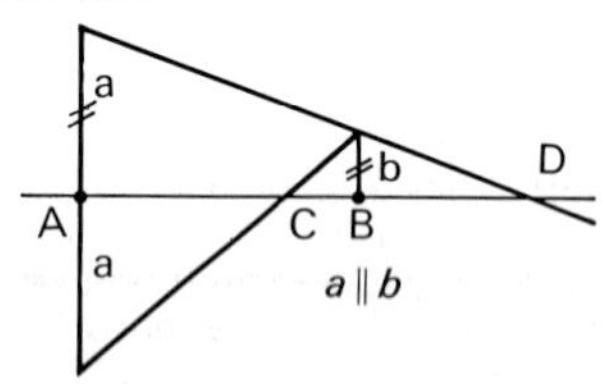

Die Halbierenden eines Dreiecksinnenwinkels und seines Nebenwinkels teilen die Gegenseite harmonisch im Verhältnis der anliegenden Seiten: $|AT|:|TB|=|AU|:|UB|=b:a$

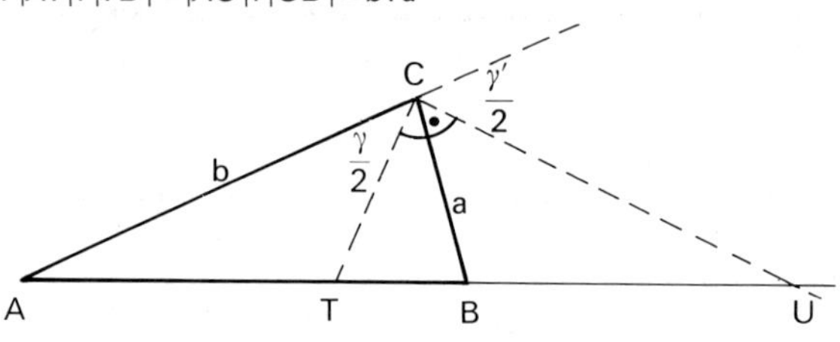

Goldener Schnitt *(stetige Teilung):*

T mit $T \in \overline{AB}$ teilt $\overline{AB}$ nach dem *goldenen Schnitt*, wenn $|AB|:|AT|=|AT|:|TB|$ oder
$x^2=|AT|^2=|AB| \cdot |TB|$ oder
$x=|AT|=\frac{1}{2} \cdot |AB| (\sqrt{5}-1)$

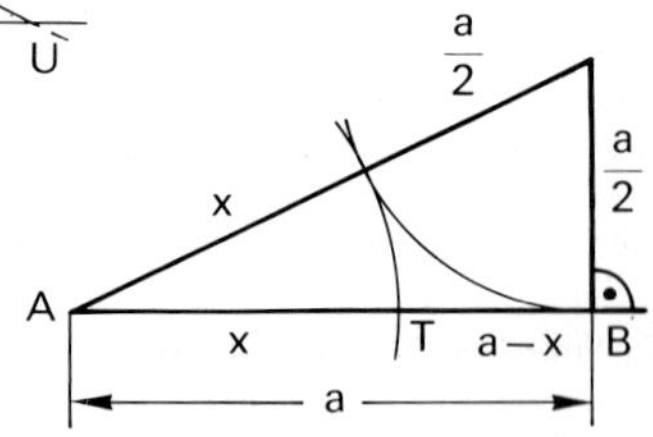

3.8 Vektoren in der Ebene

siehe auch Seite 45ff.

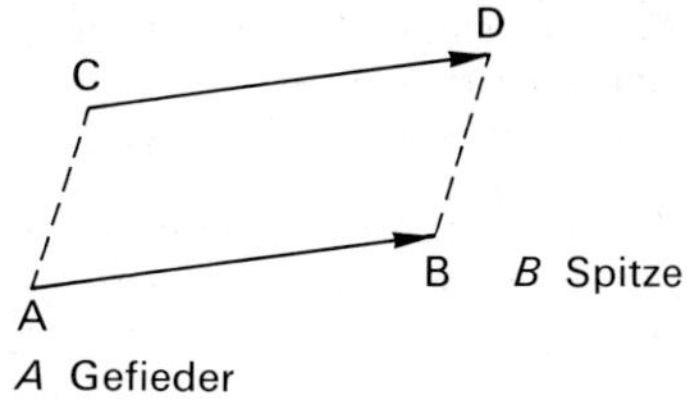

> Ein geordnetes Punktepaar heißt **Pfeil**.
> Eine Klasse gleichlanger, paralleler und gleichgerichteter Pfeile heißt **Vektor**.

Schreibweisen: $\vec{a}$, $\overrightarrow{AB}$; $\overrightarrow{AB}$ ist der Vektor, der den Pfeil mit Gefieder A und der Spitze B als Element enthält.

Nullvektor: $\overrightarrow{AA}=\vec{o}$

Betrag des Vektors $\overrightarrow{AB}$ ist die Länge der Strecke $\overline{AB}$.

Schreibweisen: $|\vec{a}|=a=|\overrightarrow{AB}|$ Nullvektor: $|\vec{o}|=0$

Einheitsvektor: Vektor mit dem Betrag 1

Addition von Vektoren

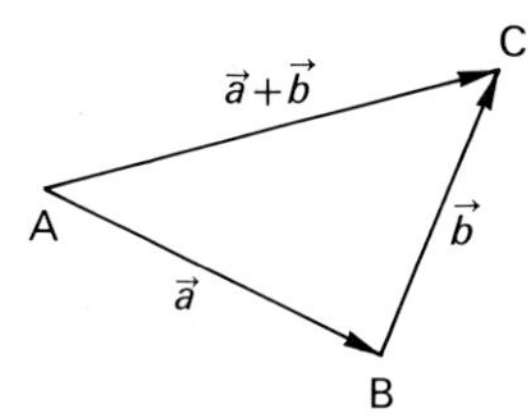

> Die Addition + in der Menge V der Vektoren ist folgendermaßen erklärt:
> $$\overrightarrow{AB}+\overrightarrow{BC}=\overrightarrow{AC}.$$

Die Menge V der Vektoren bildet bezüglich der Addition eine *kommutative Gruppe*.

Differenz zweier Vektoren: $\overrightarrow{AC}-\overrightarrow{AB}=\overrightarrow{BC}$

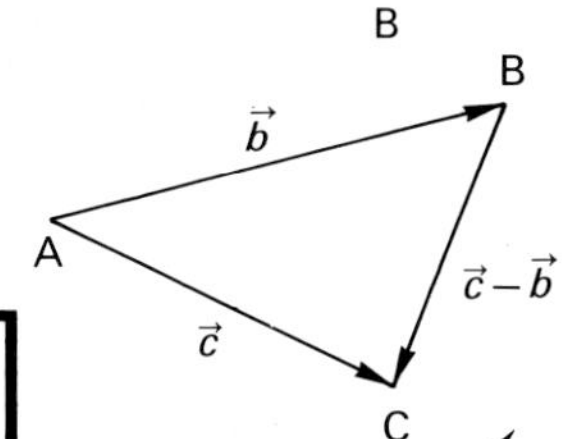

S-Multiplikation (Multiplikation von Vektoren mit reellen Zahlen)

> Ist $\vec{a}$ ein Vektor und k eine reelle Zahl, so ist auch $k\cdot\vec{a}$ ein Vektor mit folgenden Eigenschaften:
> (1) $|k\cdot\vec{a}|=|k|\cdot|\vec{a}|$
> (2) Wenn $k>0$ und $\vec{a}\neq\vec{o}$, dann hat $k\cdot\vec{a}$ die gleiche Richtung wie $\vec{a}$.
> (3) Wenn $k<0$ und $\vec{a}\neq\vec{o}$, dann hat $k\cdot\vec{a}$ entgegengesetzte Richtung wie $\vec{a}$.

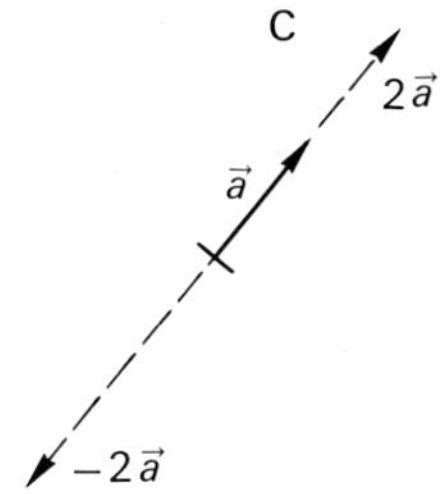

Regeln: $(k+k')\cdot\vec{a}=k\cdot\vec{a}+k'\cdot\vec{a}$; $k\cdot(\vec{a}+\vec{b})=k\cdot\vec{a}+k\cdot\vec{b}$; $(k\cdot k')\,\vec{a}=k\cdot(k'\cdot\vec{a})$.

Lineare Unabhängigkeit

> Zwei Vektoren $\vec{a}$ und $\vec{b}$ heißen *linear unabhängig*, wenn sich keiner der Vektoren als Vielfaches des anderen darstellen lässt.
> Oder: Zwei Vektoren $\vec{a}$ und $\vec{b}$ heißen *linear unabhängig*, wenn die Gleichung $x\cdot\vec{a}+y\cdot\vec{b}=\vec{o}$ nur die Lösung $x=y=0$ besitzt.

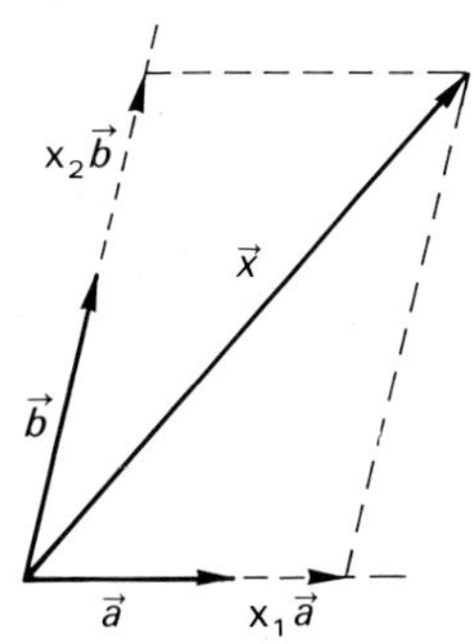

Jeder Vektor der Ebene lässt sich auf genau eine Weise als *Linearkombination* $\vec{x}=x_1\cdot\vec{a}+x_2\cdot\vec{b}$ aus zwei linear unabhängigen Vektoren $\vec{a}$ und $\vec{b}$ darstellen. $\vec{a}$ und $\vec{b}$ heißen dann *Basisvektoren*, x_1 und x_2 *Koordinaten* von $\vec{x}$ bezüglich der *Basis* $(\vec{a},\vec{b})$.

Spaltenvektoren

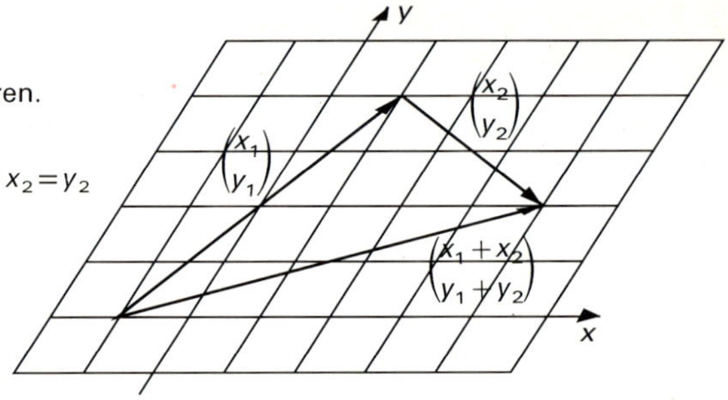

$\begin{pmatrix} x_1 \\ x_2 \end{pmatrix} := x_1 \cdot \vec{a} + x_2 \cdot \vec{b} = \vec{x}$ $\vec{a}$ und $\vec{b}$ Basisvektoren.

Gleichheit: $\begin{pmatrix} x_1 \\ x_2 \end{pmatrix} = \begin{pmatrix} y_1 \\ y_2 \end{pmatrix}$, wenn $x_1 = y_1$ und $x_2 = y_2$

Addition: $\begin{pmatrix} x_1 \\ x_2 \end{pmatrix} + \begin{pmatrix} y_1 \\ y_2 \end{pmatrix} = \begin{pmatrix} x_1 + y_1 \\ x_2 + y_2 \end{pmatrix}$

S-Multiplikation ($k \in \mathbb{R}$): $k \cdot \begin{pmatrix} x_1 \\ x_2 \end{pmatrix} = \begin{pmatrix} k \cdot x_1 \\ k \cdot x_2 \end{pmatrix}$

Kartesische Koordinaten

Voraussetzungen: $\vec{i}$ und $\vec{j}$ Basisvektoren mit $|\vec{i}| = |\vec{j}| = 1$ und $\vec{i} \perp \vec{j}$;

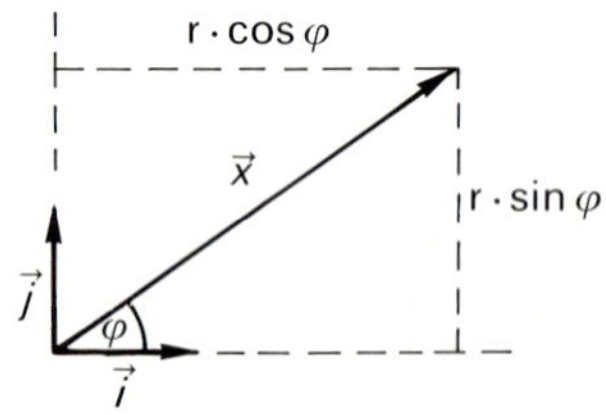

$\vec{x} = x_1 \cdot \vec{i} + x_2 \cdot \vec{j} = \begin{pmatrix} x_1 \\ x_2 \end{pmatrix} = \begin{pmatrix} r \cdot \cos\varphi \\ r \cdot \sin\varphi \end{pmatrix}$,

Betrag: $\left| \begin{pmatrix} x_1 \\ x_2 \end{pmatrix} \right| = \sqrt{x_1^2 + x_2^2} = r$

wenn $\sphericalangle(\vec{i}, \vec{x}) = \varphi$ und $|\vec{x}| = r$.
r und φ heißen *Polarkoordinaten* von $\vec{x}$.

Skalarprodukt

> Jedem Vektorpaar $(\vec{x}, \vec{y})$ wird durch $\vec{x} \cdot \vec{y} := |\vec{x}| \cdot |\vec{y}| \cdot \cos \sphericalangle(\vec{x}, \vec{y})$ als *Skalarprodukt* eine *reelle Zahl* zugeordnet.

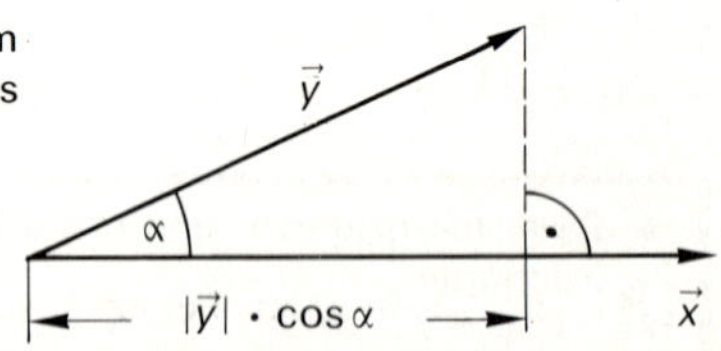

Das Skalarprodukt $\vec{x} \cdot \vec{y}$ der Vektoren $\vec{x}$ und $\vec{y}$ ist gleich dem Produkt der Beträge der beiden Vektoren und des Kosinus des von ihnen gebildeten Winkels.

Regeln: $\vec{x} \cdot \vec{y} = \vec{y} \cdot \vec{x}$; $(\vec{x} + \vec{y}) \cdot \vec{z} = \vec{x} \cdot \vec{z} + \vec{y} \cdot \vec{z}$; $(k \cdot \vec{x}) \cdot \vec{y} = k(\vec{x} \cdot \vec{y})$;
$\vec{x} \cdot \vec{x} = \vec{x}^2 = |\vec{x}|^2$;
$\vec{x} \cdot \vec{y} = 0$ genau dann, wenn $\vec{x} = \vec{o}$ oder $\vec{y} = \vec{o}$ oder $\vec{x} \perp \vec{y}$.

In kartesischen Koordinaten:

$\vec{x} \cdot \vec{y} = (x_1 \vec{i} + x_2 \vec{j}) \cdot (y_1 \vec{i} + y_2 \vec{j}) = \begin{pmatrix} x_1 \\ x_2 \end{pmatrix} \cdot \begin{pmatrix} y_1 \\ y_2 \end{pmatrix} = x_1 \cdot y_1 + x_2 \cdot y_2$; $\cos\alpha = \dfrac{x_1 \cdot y_1 + x_2 \cdot y_2}{\sqrt{x_1^2 + x_2^2} \cdot \sqrt{y_1^2 + y_2^2}}$

3.9 Geraden in der Koordinatenebene

Strecke $\overline{P_1 P_2}$:

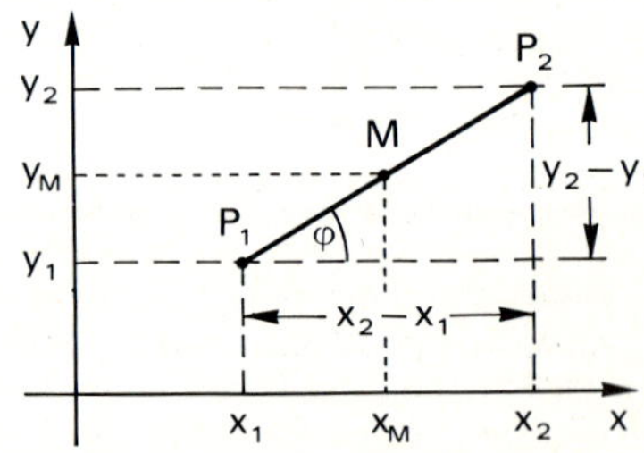

Steigung: $m = \tan\varphi = \dfrac{y_2 - y_1}{x_2 - x_1}$
nur für $x_2 \neq x_1$

Länge: $|P_1 P_2| = \sqrt{(x_2 - x_1)^2 + (y_2 - y_1)^2} = d$

Mittelpunkt $M(x_M | y_M)$:

$x_M = \dfrac{x_1 + x_2}{2}$; $y_M = \dfrac{y_1 + y_2}{2}$

Gerade g:

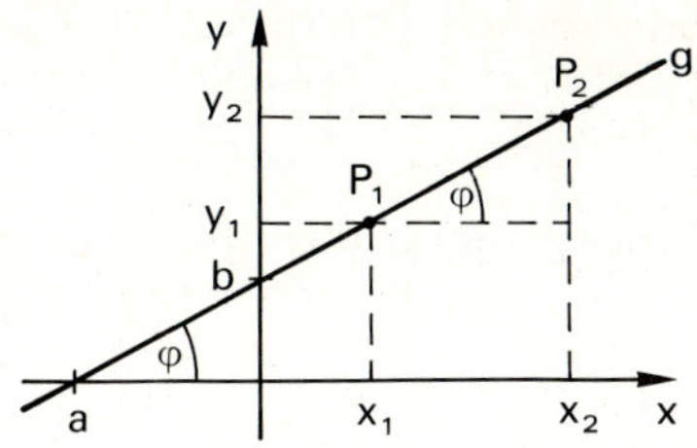

Zweipunkteform: $\frac{y-y_1}{x-x_1}=\frac{y_2-y_1}{x_2-x_1}\quad (=m)$
nur für $x_2 \neq x_1$

Punktrichtungsform: $y-y_1=m\cdot(x-x_1)$

Hauptform: $y=mx+b;\quad m=\tan\varphi$
y-Achsenabschnitt: b
Parallele zur x-Achse: $y=b$
Parallele zur y-Achse: $x=c$

Achsenabschnittsform: $\frac{x}{a}+\frac{y}{b}=1\quad (a\cdot b\neq 0)$

Allgemeine Geradengleichung: $a_1x+a_2y=a_0\quad (a_1^2+a_2^2>0)$

Geradenpaar (falls weder g_1 noch g_2 parallel zur y-Achse):

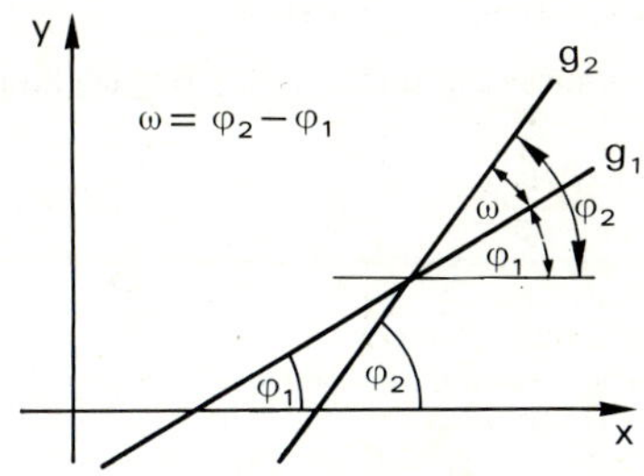

g_1: $y=m_1x+b_1$; g_2: $y=m_2x+b_2$

Schnittwinkel ω: $\tan\omega=\frac{m_2-m_1}{1+m_1\cdot m_2};\quad (m_1\cdot m_2\neq -1)$

$g_1 \perp g_2 \Leftrightarrow m_1 m_2=-1$
$g_1 \parallel g_2 \Leftrightarrow m_1=m_2$

3.10 Stereometrie

Bezeichnungen:

- d räumliche Diagonale
- h räumliche Höhe
- s Länge der Seitenkanten
- r Radius oder Umkreisradius
- ρ Inkreisradius
- V Volumen (Rauminhalt)
- O Flächenmaß der Oberfläche
- M Flächenmaß der Mantelfläche
- G Flächenmaß der Grundfläche

Polyeder (Vielflach)

Eulerscher Polyedersatz: Für ein konvexes Polyeder mit f Flächen, k Kanten und e Ecken (f-Flach) gilt: $e+f=k+2$.

Quader	**Spat**	**Prisma***	**Pyramide***	**Pyramidenstumpf**
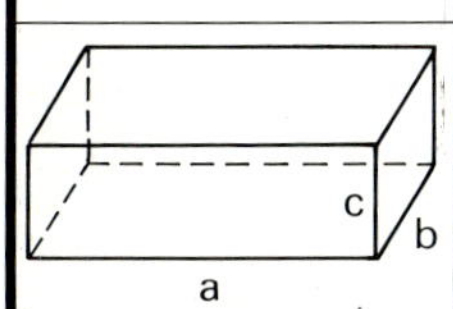	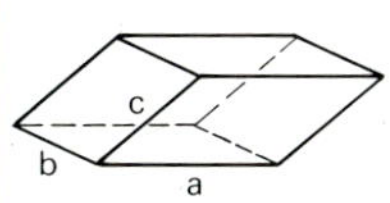	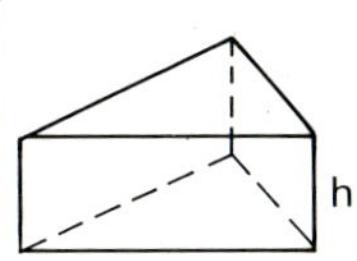	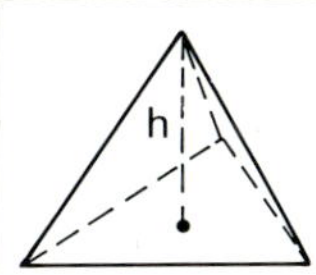	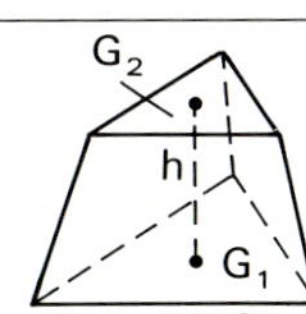
$V=a\cdot b\cdot c$	$V=G\cdot h$	$V=G\cdot h$	$V=\frac{1}{3}\cdot G\cdot h$	$V=\frac{1}{3}h\,(G_1+\sqrt{G_1G_2}+G_2)$
$O=2\cdot(ab+bc+ca)$ $d^2=a^2+b^2+c^2$	(siehe auch Seite 13, 47)	$O=2\cdot G+M$	$O=G+M$	

*) Formeln für V und O auch bei schrägen Prismen bzw. Pyramiden gültig.

Regelmäßige (reguläre) Polyeder (*Platonische* Polyeder)

Tetraeder (4 reguläre Dreiecke)	**Hexaeder** (6 Quadrate) *(Würfel)*	**Oktaeder** (8 reguläre Dreiecke)	**Dodekaeder** (12 reguläre Fünfecke)	**Ikosaeder** (20 reguläre Dreiecke)
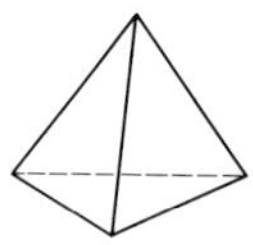	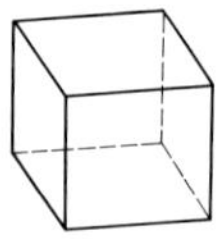	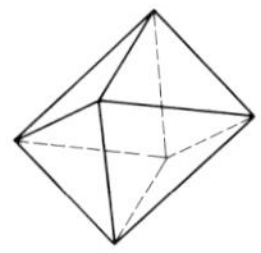	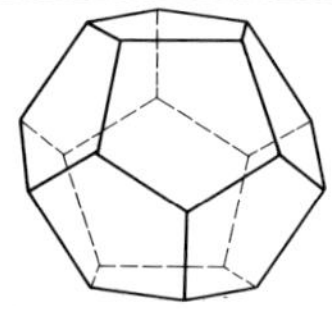	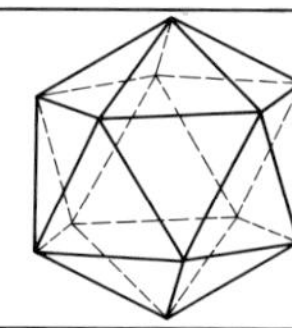
$V=\frac{a^3}{12}\cdot\sqrt{2}$	$V=a^3$	$V=\frac{a^3}{3}\cdot\sqrt{2}$	$V=\frac{a^3}{4}(15+7\sqrt{5})$	$V=\frac{5a^3}{12}(3+\sqrt{5})$
$O=a^2\sqrt{3}$	$O=6a^2$	$O=2a^2\sqrt{3}$	$O=3a^2\sqrt{5(5+2\sqrt{5})}$	$O=5a^2\sqrt{3}$
$r=\frac{a}{4}\cdot\sqrt{6}$	$r=\frac{a}{2}\cdot\sqrt{3}$	$r=\frac{a}{2}\cdot\sqrt{2}$	$r=\frac{a}{4}\sqrt{3}(1+\sqrt{5})$	$r=\frac{a}{4}\sqrt{2(5+\sqrt{5})}$
$\rho=\frac{a}{12}\cdot\sqrt{6}$	$\rho=\frac{a}{2}$	$\rho=\frac{a}{6}\cdot\sqrt{6}$	$\rho=\frac{a}{4}\sqrt{10+\frac{22}{5}\sqrt{5}}$	$\rho=\frac{a}{12}\sqrt{3}(3+\sqrt{5})$

Zylinder, Kegel

Drehzylinder (Senkrechter Kreiszylinder)	**Drehkegel** (Senkrechter Kreiskegel)	**Drehkegelstumpf**
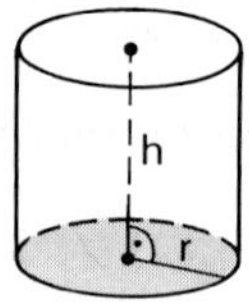	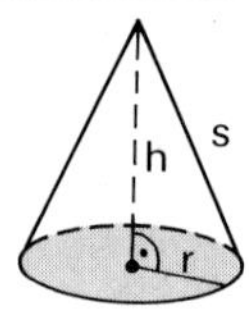	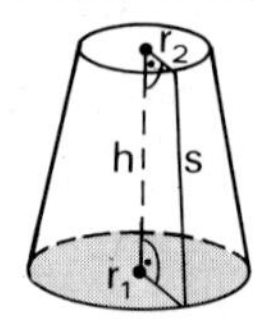
$V=G\cdot h=\pi r^2 h$	$V=\frac{1}{3}\cdot G\cdot h=\frac{1}{3}\cdot\pi r^2 h$	$V=\frac{1}{3}\pi h(r_1^2+r_1 r_2+r_2^2)$
$M=2\pi rh;\ O=2\pi r(r+h)$	$M=\pi rs;\ O=\pi r(r+s)$	$M=\pi s(r_1+r_2)$

Die Volumenformeln gelten auch für *schräge* Zylinder, Kegel und Kegelstümpfe.

Kugel $V=\frac{4}{3}\cdot\pi r^3;\quad O=4\pi r^2$

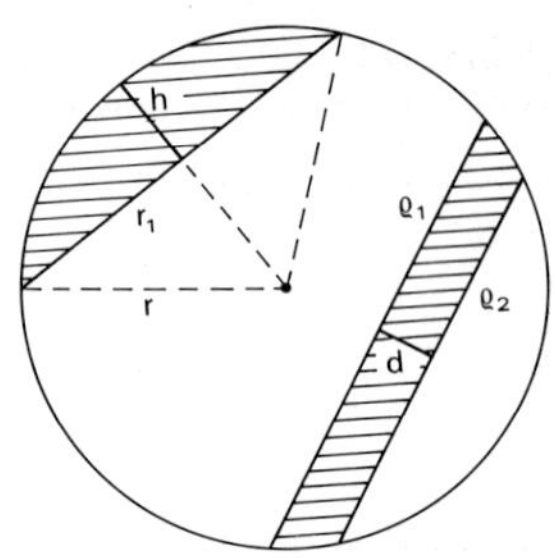

Kugelabschnitt: $V=\frac{\pi}{3}h^2(3r-h)=\frac{1}{6}\pi h(3r_1^2+h^2)$

$M=2\pi rh=\pi(r_1^2+h^2)$ (Kugelkappe)

Kugelausschnitt: $V=\frac{2}{3}\cdot\pi r^2 h \qquad M=2\pi r\left(h+\frac{1}{2}\sqrt{h(2r-h)}\right)$

Kugelschicht: $V=\frac{1}{6}\cdot\pi d(3\rho_1^2+3\rho_2^2+d^2);\quad M=2\pi rd$

Ellipsoid

$V=\frac{4}{3}\cdot\pi\cdot a\cdot b\cdot c$

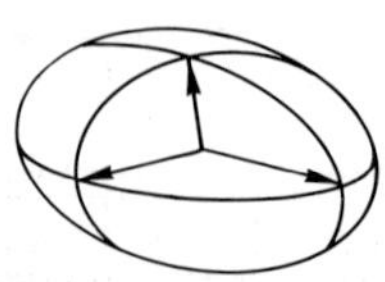

Torus

$V=2\pi^2 r_1^2 r_2$

$O=4\pi^2 r_1 r_2$

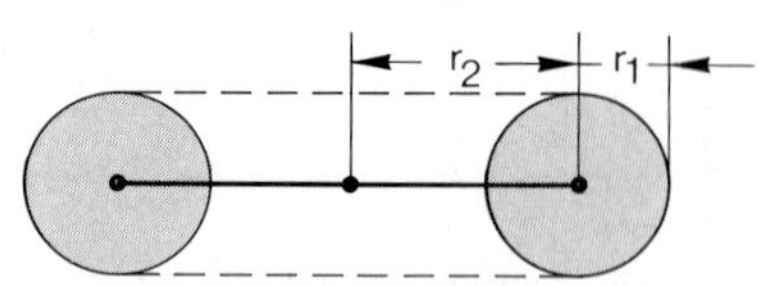

4. Trigonometrie

4.1 Kreisfunktionen

Darstellung am Einheitskreis ($r=1$), dessen Mittelpunkt im Ursprung O eines kartesischen Koordinatensystems liegt. $P(u|v)$ ist ein beliebiger Punkt auf dem Einheitskreis, womit $\sphericalangle AOP$ jeder beliebige – im Gegenuhrzeigersinn orientierte – Winkel α sein kann (siehe Figuren).

Dafür gilt:

$\cos\alpha = u$ (*Abszisse* von P)
$\sin\alpha = v$ (*Ordinate* von P)
$\tan\alpha = \dfrac{\sin\alpha}{\cos\alpha}, \quad \alpha \neq (2k+1)\cdot 90°$
$\cot\alpha = \dfrac{\cos\alpha}{\sin\alpha}, \quad \alpha \neq k\cdot 180°, \; k\in\mathbb{Z}$

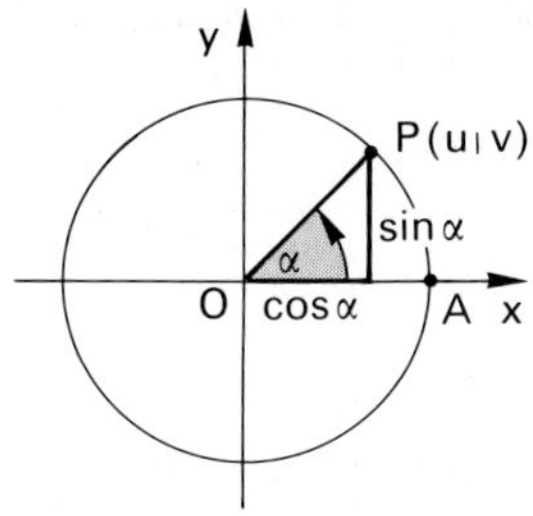

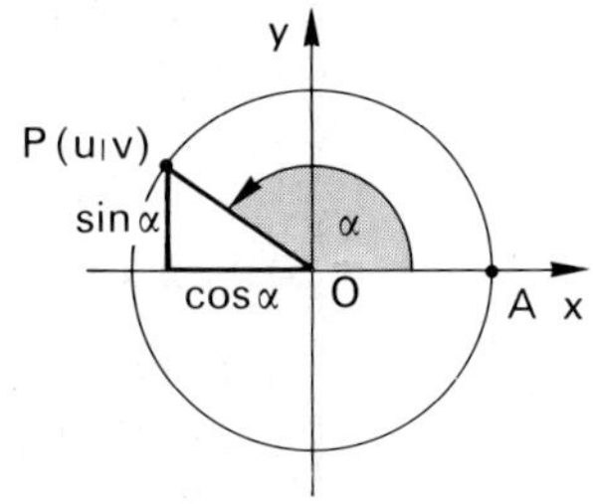

Darstellung am rechtwinkligen Dreieck

c Hypotenuse, b Ankathete zu α und Gegenkathete zu β, a Gegenkathete zu α und Ankathete zu β.

$\dfrac{a}{c} = \sin\alpha = \cos\beta;$	$\dfrac{b}{c} = \cos\alpha = \sin\beta$
$\dfrac{a}{b} = \tan\alpha = \cot\beta;$	$\dfrac{b}{a} = \cot\alpha = \tan\beta$

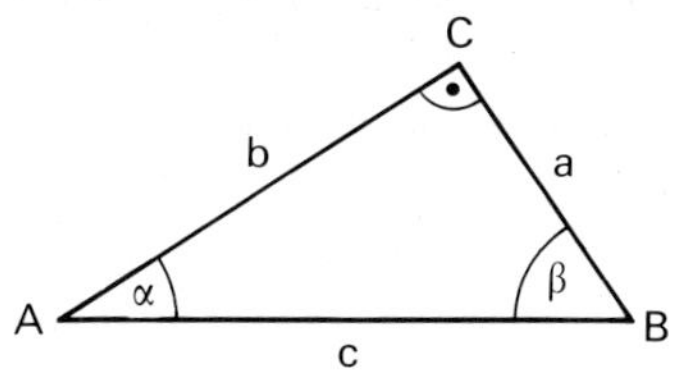

Funktionsdarstellung:
sin: $\alpha \mapsto \sin\alpha$ (*Sinusfunktion*, entsprechend für cos (Kosinusfunktion), tan (Tangensfunktion) und cot (Kotangensfunktion)).

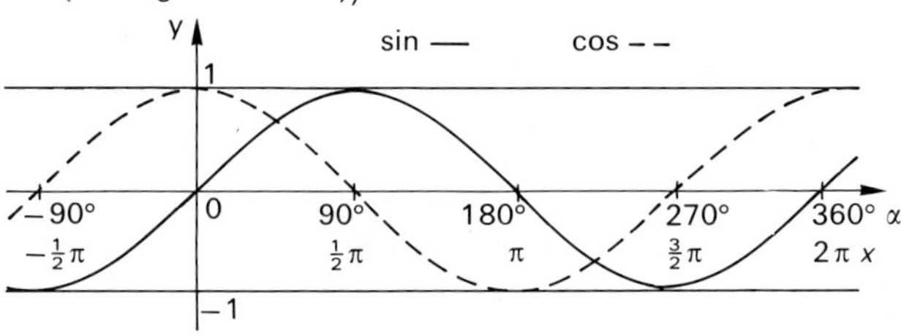

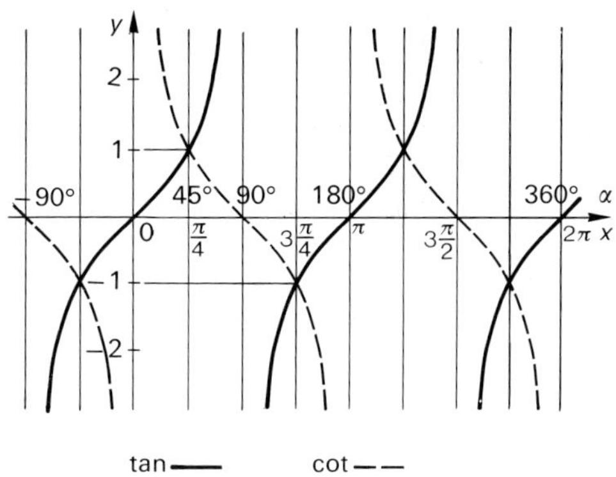

Wertetabelle

α	x	sin	cos	tan	cot
0°	0	0	1	0	nicht def.
30°	$\frac{\pi}{6}$	$\frac{1}{2}$	$\frac{1}{2}\sqrt{3}$	$\frac{1}{3}\sqrt{3}$	$\sqrt{3}$
45°	$\frac{\pi}{4}$	$\frac{1}{2}\sqrt{2}$	$\frac{1}{2}\sqrt{2}$	1	1
60°	$\frac{\pi}{3}$	$\frac{1}{2}\sqrt{3}$	$\frac{1}{2}$	$\sqrt{3}$	$\frac{1}{3}\sqrt{3}$
90°	$\frac{\pi}{2}$	1	0	nicht def.	0

Vorzeichen der Funktionswerte

Quadrant	I.	II.	III.	IV.
sin α	pos.	pos.	neg.	neg.
cos α	pos.	neg.	neg.	pos.
tan α, cot α	pos.	neg.	pos.	neg.

Zusammenhänge zwischen den Kreisfunktionen

$\boxed{\sin^2\alpha+\cos^2\alpha=1}$; $\cot\alpha=\frac{1}{\tan\alpha}$; $1+\tan^2\alpha=\frac{1}{\cos^2\alpha}$; $1+\cot^2\alpha=\frac{1}{\sin^2\alpha}$

$\sin^2\alpha:=(\sin\alpha)^2$ (entsprechend bei cos, tan und cot).

Symmetrien

Gegenwinkel	Komplementwinkel	Supplementwinkel
$\cos(-\alpha)=\cos\alpha$ $\sin(-\alpha)=-\sin\alpha$ $\tan(-\alpha)=-\tan\alpha$	$\cos(90°-\alpha)=\sin\alpha$ $\sin(90°-\alpha)=\cos\alpha$ $\tan(90°-\alpha)=\cot\alpha$	$\cos(180°-\alpha)=-\cos\alpha$ $\sin(180°-\alpha)=\sin\alpha$ $\tan(180°-\alpha)=-\tan\alpha$

Periodizität ($k\in\mathbb{Z}$)

$\cos(x+2k\pi)=\cos x$; $\sin(x+2k\pi)=\sin x$ Periode 2π.

$\tan(x+k\pi)=\tan x$; $\cot(x+k\pi)=\cot x$ Periode π.

Additionstheoreme

$\cos(\alpha+\beta)=\cos\alpha\cdot\cos\beta-\sin\alpha\cdot\sin\beta$

$\cos(\alpha-\beta)=\cos\alpha\cdot\cos\beta+\sin\alpha\cdot\sin\beta$

$\sin(\alpha+\beta)=\sin\alpha\cdot\cos\beta+\cos\alpha\cdot\sin\beta$

$\sin(\alpha-\beta)=\sin\alpha\cdot\cos\beta-\cos\alpha\cdot\sin\beta$

$\tan(\alpha+\beta)=\frac{\tan\alpha+\tan\beta}{1-\tan\alpha\cdot\tan\beta}$

$\tan(\alpha-\beta)=\frac{\tan\alpha-\tan\beta}{1+\tan\alpha\cdot\tan\beta}$

Summensätze

$\cos\alpha+\cos\beta=2\cdot\cos\frac{\alpha+\beta}{2}\cdot\cos\frac{\alpha-\beta}{2}$ $\cos\alpha-\cos\beta=-2\cdot\sin\frac{\alpha+\beta}{2}\cdot\sin\frac{\alpha-\beta}{2}$

$\sin\alpha+\sin\beta=2\cdot\sin\frac{\alpha+\beta}{2}\cdot\cos\frac{\alpha-\beta}{2}$ $\sin\alpha-\sin\beta=2\cdot\cos\frac{\alpha+\beta}{2}\cdot\sin\frac{\alpha-\beta}{2}$

2α; 3α; $\frac{1}{2}\alpha$

$\cos 2\alpha=\cos^2\alpha-\sin^2\alpha$ $\sin 2\alpha=2\sin\alpha\cdot\cos\alpha$

$\cos 3\alpha=-3\cos\alpha+4\cos^3\alpha$ $\sin 3\alpha=3\sin\alpha-4\sin^3\alpha.$

$\left|\cos\frac{1}{2}\alpha\right|=\sqrt{\frac{1+\cos\alpha}{2}}$ $\left|\sin\frac{1}{2}\alpha\right|=\sqrt{\frac{1-\cos\alpha}{2}}$

Überlagerung: $a\cdot\sin x+b\cdot\cos x=\sqrt{a^2+b^2}\cdot\sin(x+\varphi)$

mit $\cos\varphi=\frac{a}{\sqrt{a^2+b^2}}$, $\sin\varphi=\frac{b}{\sqrt{a^2+b^2}}$

Arcusfunktionen als Umkehrfunktionen der eingeschränkten Kreisfunktionen

$y=\arcsin x,\ x\in[-1;1]\Leftrightarrow x=\sin y,\ y\in\left[-\frac{\pi}{2};\frac{\pi}{2}\right]$

$y=\arccos x,\ x\in[-1;1]\Leftrightarrow x=\cos y,\ y\in[0;\pi]$

$y=\arctan x,\ x\in\mathbb{R}\Leftrightarrow x=\tan y,\ y\in\left]-\frac{\pi}{2};\frac{\pi}{2}\right[$

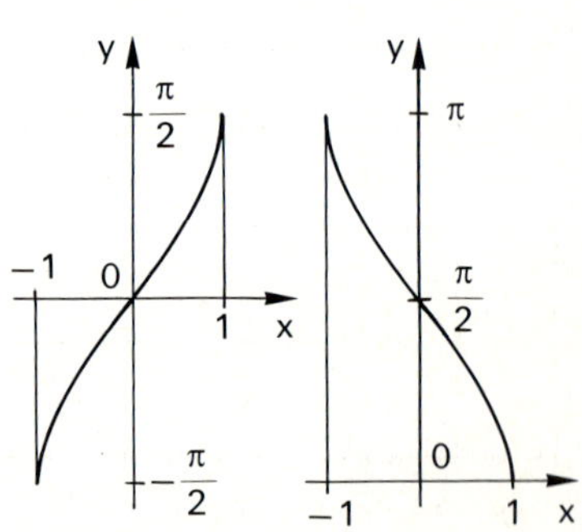

$x\mapsto\arcsin x$ $x\mapsto\arccos x$

4.2 Ebene Trigonometrie

Kosinussatz: $c^2 = a^2 + b^2 - 2ab \cdot \cos\gamma$ (*)	*Sinussatz:* $\frac{a}{\sin\alpha} = \frac{b}{\sin\beta} = \frac{c}{\sin\gamma} = 2r$
Dreiecksinhalt: $A = \frac{1}{2} ab \cdot \sin\gamma$ (*)	*Projektionssatz:* $a = b \cdot \cos\gamma + c \cdot \cos\beta$ (*)
Halbwinkelsatz: $\rho = (s-a) \cdot \tan\frac{\alpha}{2}$ (*) (bezüglich r, ρ, s siehe S. 22)	*Tangenssatz:* $\frac{\tan\frac{\alpha+\beta}{2}}{\tan\frac{\alpha-\beta}{2}} = \frac{a+b}{a-b}$ (*)

Aus den durch (*) gekennzeichneten Formeln bekommt man durch zyklisches Vertauschen von a, b, c und α, β, γ je zwei weitere Formeln.

(α, β, γ sind die Innenwinkel, a, b, c die Längen der Seiten.)

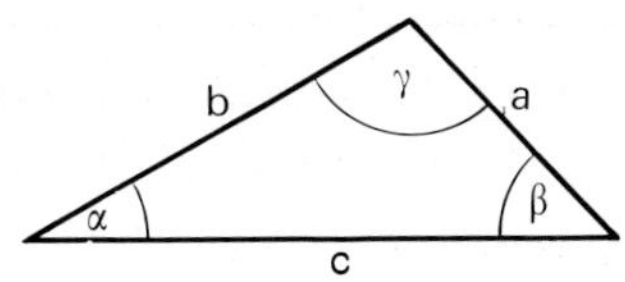

4.3 Sphärische Trigonometrie

Großkreis: Schnitt einer Kugel mit einer Ebene, die durch den Kugelmittelpunkt geht.

Sphärisches Dreieck *(Kugeldreieck)*: „Dreieck" auf einer Kugelfläche, das von *Großkreisbögen* berandet wird.

Eulersches Kugeldreieck wird gebildet aus den jeweils kürzeren Großkreisbögen, jeder Winkel, jede Seite kleiner als 180° bzw. kleiner als π.

Winkel: α ist der Neigungswinkel der Ebenen ABM und ACM; β bzw. γ entsprechend.

Seiten:

$a = \text{arc}(\sphericalangle BMC)$, $b = \text{arc}(\sphericalangle AMC)$, $c = \text{arc}(\sphericalangle AMB)$

$|\widehat{AB}| = rc$, $|\widehat{BC}| = ra$, $|\widehat{CA}| = rb$

Sphärischer Exzess: $\varepsilon = \alpha + \beta + \gamma - \pi$

Flächeninhalt: $A = r^2 \cdot \varepsilon$

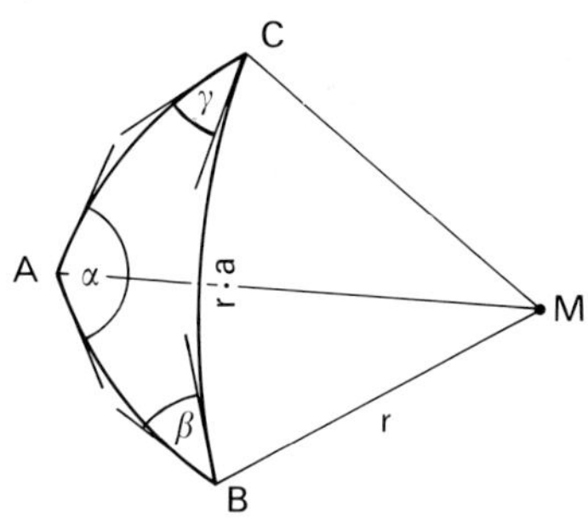

Seitensumme:	$0 < a+b+c = 2s < 2\pi$ *(Regenschirmsatz)*
Winkelsumme:	$\pi < \alpha + \beta + \gamma < 3\pi$
Seitenkosinussatz:	$\cos c = \cos a \cdot \cos b + \sin a \cdot \sin b \cdot \cos\gamma$ (*)
Winkelkosinussatz:	$\cos\gamma = -\cos\alpha \cdot \cos\beta + \sin\alpha \cdot \sin\beta \cdot \cos c$ (*)
Sinussatz:	$\frac{\sin a}{\sin\alpha} = \frac{\sin b}{\sin\beta} = \frac{\sin c}{\sin\gamma}$

Aus den durch (*) gekennzeichneten Formeln bekommt man durch *zyklisches Vertauschen* von a, b, c und α, β, γ je zwei weitere Formeln.

5. Analysis

5.0 Funktionen siehe Seite 5 und 6

5.1 Folgen

Eine *Folge* ist eine Funktion, deren Definitionsmenge $\mathbb{N}^*$ ist.

(Statt $\mathbb{N}^*$ auch $\mathbb{N}$ möglich.)

Schreibweise für eine Folge: statt $a\colon \mathbb{N}^* \to \mathbb{R}$ auch (a_n); Schreibweise für deren Funktionswerte: statt $a(n)$ auch a_n.

Arithmetische Folge: $a_{n+1} - a_n = d$ (d konstant) für alle $n \in \mathbb{N}^*$. Es gilt $a_n = a_1 + (n-1)\,d$.

Geometrische Folge: $a_{n+1} = q \cdot a_n$ (q konstant) für alle $n \in \mathbb{N}^*$. Es gilt $a_n = a_1\, q^{n-1}$.

Summe der n ersten Glieder einer

arithmetischen Folge: $a_1 + a_2 + \cdots + a_n = \frac{n}{2}(a_1 + a_n) = n a_1 + \frac{n(n-1)}{2} \cdot d$

geometrischen Folge: $a_1 + a_2 + \cdots + a_n = a_1 \cdot \frac{q^n - 1}{q-1}$, $q \neq 1$; $1 + q + q^2 + \cdots + q^{n-1} = \frac{q^n - 1}{q-1}$, $q \neq 1$
(geometrische Reihe Seite 42)

Summenzeichen $a_1 + a_2 + \cdots + a_n =: \sum\limits_{k=1}^{n} a_k$; $\sum\limits_{k=1}^{n} (r a_k + s b_k) = r \sum\limits_{k=1}^{n} a_k + s \sum\limits_{k=1}^{n} b_k$

Potenzsummen $\sum\limits_{k=1}^{n} k = \frac{n(n+1)}{2}$; $\sum\limits_{k=1}^{n} k^2 = \frac{n(n+1)(2n+1)}{6}$; $\sum\limits_{k=1}^{n} k^3 = \frac{n^2(n+1)^2}{4}$;

$$a^n - b^n = (a-b)(a^{n-1} + a^{n-2} b + \cdots + a b^{n-2} + b^{n-1}) = (a-b) \sum_{k=1}^{n} a^{n-k} b^{k-1}$$

Fakultät $n! := 1 \cdot 2 \cdot \cdots \cdot (n-1) \cdot n$; $0! := 1$; $1! := 1$

Binomialkoeffizient $\binom{n}{k} := \frac{n!}{k!\,(n-k)!} = \frac{n(n-1)(n-2)\ldots(n-k+1)}{k!}$

$$\binom{0}{0} = \binom{n}{0} = \binom{n}{n} = 1; \quad \binom{n}{1} = \binom{n}{n-1} = n; \quad \binom{n}{k} = \binom{n}{n-k}; \quad \binom{n}{k} + \binom{n}{k+1} = \binom{n+1}{k+1}.$$

Binomischer Satz

$$(a+b)^n = \binom{n}{0} a^n + \binom{n}{1} a^{n-1} b + \binom{n}{2} a^{n-2} b^2 + \cdots + \binom{n}{n} b^n = \sum_{k=0}^{n} \binom{n}{k} a^{n-k} b^k$$

Siehe auch *Binomische Formeln,* Seite 10.

Bernoullische Ungleichung

$(1+a)^n \geq 1 + n \cdot a$ für $n \in \mathbb{N}^*$ und $1 + a \geq 0$.

$(1+a)^n > 1 + n \cdot a$ für $n > 1$ und $1 + a \geq 0$ mit $a \neq 0$ (*verschärfte* Ungleichung).

5.2 Zinseszins, Renten, Abschreibung

p Zinsfuß (in %); $r=1+\frac{p}{100}$ *Zinsfaktor* (oft auch q); $b=1-\frac{p}{100}$ *Abschreibungsfaktor*.

	Endwert nach n Jahren	entsprechender *Barwert*
Kapital mit Zinseszins	$k_n = k_0 \cdot r^n$	$k_0 = k_n : r^n$
Nachschüssige Rente	$R_e = R \cdot \frac{r^n-1}{r-1} = R \cdot s_{\overline{n}\rceil}$	$R_b = \frac{R}{r^n} \cdot \frac{r^n-1}{r-1} = \frac{R}{r^n} \cdot s_{\overline{n}\rceil}$
Vorschüssige Rente	$R'_e = R \cdot r \cdot \frac{r^n-1}{r-1} = R \cdot r \cdot s_{\overline{n}\rceil}$	$R'_b = \frac{R}{r^{n-1}} \cdot \frac{r^n-1}{r-1} = \frac{R}{r^{n-1}} \cdot s_{\overline{n}\rceil}$
Abschreibung	$w_n = w_0 \cdot b^n$	$w_0 = w_n : b^n$

5.3 Grenzwerte

Grenzwert bei Folgen

Die Folge (a_n) heißt **konvergent** mit dem **Grenzwert** a, wenn es zu jedem reellen, positiven ε ein $n_0 \in \mathbb{N}^*$ gibt, so dass für alle $n \in \mathbb{N}^*$ gilt:

Ist $n > n_0$, dann ist $|a_n - a| < \varepsilon$.

Schreibweise: $\lim\limits_{n\to\infty} a_n = a$, Sprechweise: „Limes von a_n für n gegen unendlich gleich a."

Nullfolge: (a_n) heißt *Nullfolge*, wenn ihr Grenzwert Null ist: $\lim\limits_{n\to\infty} a_n = 0$.

Wichtige Grenzwerte:

$\lim\limits_{n\to\infty} \frac{1}{n} = 0$; $\lim\limits_{n\to\infty} \left(1+\frac{1}{n}\right)^n = e$; $\lim\limits_{n\to\infty} q^n = 0$ bei $|q| < 1$;

Rechenregeln: Falls $\lim\limits_{n\to\infty} a_n = a$ und $\lim\limits_{n\to\infty} b_n = b$, so gilt:

$\lim\limits_{n\to\infty} (a_n + b_n) = a + b$	$\lim\limits_{n\to\infty} (a_n - b_n) = a - b$	$\lim\limits_{n\to\infty} (a_n \cdot b_n) = a \cdot b$	$\lim\limits_{n\to\infty} \frac{a_n}{b_n} = \frac{a}{b}$ für $b_n \neq 0$ und $b \neq 0$

Vollständigkeit von $\mathbb{R}$

Supremum: Kleinste obere Schranke einer nicht leeren, nach oben beschränkten Menge M reeller Zahlen $(\sup(M))$.

Infimum: Größte untere Schranke einer nicht leeren, nach unten beschränkten Menge M reeller Zahlen $(\inf(M))$.

Archimedische Eigenschaft der reellen Zahlen: Zu jeder positiven, reellen Zahl a und jeder reellen Zahl b gibt es eine natürliche Zahl n mit $b < n\,a$.

Intervallschachtelung: Zwei Folgen (a_n) und (b_n) bilden eine *Intervallschachtelung*, falls gilt:
1. (a_n) ist monoton steigend, (b_n) ist monoton fallend.
2. $(b_n - a_n)$ ist eine Nullfolge.

Zentrum z einer Intervallschachtelung: $a_n \leq z \leq b_n$ für alle $n \in \mathbb{N}^*$.

Vollständigkeit von $\mathbb{R}$: Folgende Aussagen kennzeichnen gleichwertig die *Vollständigkeit* von $\mathbb{R}$:
1. Jede monotone, beschränkte Folge besitzt einen Grenzwert.
2. Jede nicht leere, nach oben (unten) beschränkte Menge M reeller Zahlen besitzt ein Supremum (Infimum).
3. Jede Intervallschachtelung besitzt ein Zentrum, und es gilt die archimedische Eigenschaft.

Grenzwert bei Funktionen

Häufungspunkt: a heißt *Häufungspunkt* der nicht leeren Menge A reeller Zahlen, wenn es in jeder Umgebung*) von a ein von a verschiedenes Element aus A gibt.

> Die Funktion $f: D \to \mathbb{R}$ hat in dem Häufungspunkt a von D den **Grenzwert** g, wenn für alle gegen a konvergierenden Folgen (x_n) mit $x_n \in D$ und $x_n \neq a$ die Bildfolgen $(f(x_n))$ gegen g konvergieren.

Schreibweise: $\lim\limits_{x \to a} f(x) = g$; Sprechweise: „Limes $f(x)$ für x gegen a gleich g."

Äquivalente Definitionen: Die Funktion $f: D \to \mathbb{R}$ hat in dem Häufungspunkt a von D den *Grenzwert* g, wenn

a) es zu jeder Umgebung V von g eine Umgebung U von a gibt, so dass für alle $x \in D$ gilt: Ist $x \in U$ und $x \neq a$, dann ist $f(x) \in V$.

b) es zu jedem $\varepsilon > 0$ ein $\delta > 0$ gibt, so dass für alle $x \in D$ gilt: Ist $|x-a| < \delta$ und $x \neq a$, dann ist $|f(x) - g| < \varepsilon$.

Die Rechenregeln über konvergente Folgen gelten analog für Funktionen, die an einer gemeinsamen Stelle a einen Grenzwert besitzen.

Wichtige Grenzwerte: $\lim\limits_{x \to 0} \frac{\sin x}{x} = 1$; $\lim\limits_{x \to \infty} \frac{x^r}{e^x} = 0$; $\lim\limits_{x \to 0} (x \cdot \ln x) = 0$; $\lim\limits_{x \to \infty} \frac{\ln x}{x^r} = 0$ $(r \in \mathbb{R}_{>0})$

5.4 Stetigkeit

> Die Funktion $f: D \to \mathbb{R}$ heißt **stetig** in $a \in D$, wenn für alle gegen a konvergierenden Folgen (x_n) mit $x_n \in D$ die Bildfolgen $(f(x_n))$ gegen $f(a)$ konvergieren.

Äquivalente Definitionen der Stetigkeit:

Die Funktion $f: D \to \mathbb{R}$ heißt in $a \in D$ stetig, wenn

a) es zu jeder Umgebung V von $f(a)$ eine Umgebung U von a gibt, so dass für alle $x \in D$ gilt: Ist $x \in U \cap D$, dann ist $f(x) \in V$.

b) f an der Stelle a den Grenzwert $f(a)$ besitzt.

c) es zu jedem $\varepsilon > 0$ ein $\delta > 0$ gibt, so dass für alle $x \in D$ gilt: Ist $|x-a| < \delta$, so ist $|f(x) - f(a)| < \varepsilon$.

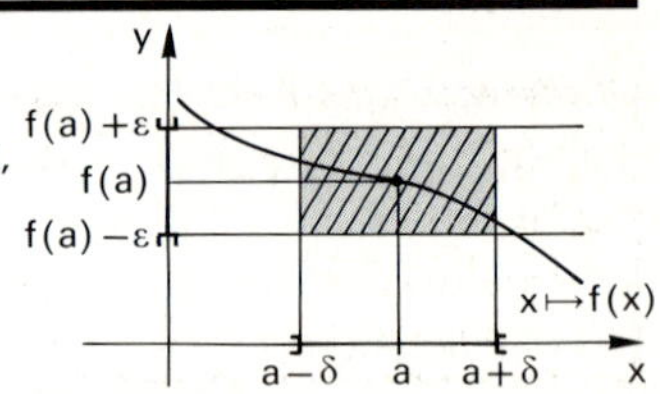

Die Funktion $f: D \to \mathbb{R}$ heißt **stetig auf D**, wenn sie an jeder Stelle $a \in D$ stetig ist.

1. Sind f und g stetig in a, dann auch $f+g$, $f-g$, $f \cdot g$ und auch $f:g$ für $g(a) \neq 0$.
2. $f \circ g$ ist an der Stelle a stetig, falls g an der Stelle a und f an der Stelle $g(a)$ stetig sind.

> Die Funktion f: $[a, b] \to \mathbb{R}$ heißt **dehnungsbeschränkt** *(Lipschitz-stetig)*, wenn es eine positive Zahl L gibt, so dass für alle $x_2, x_1 \in [a, b]$ gilt:
>
> $$|f(x_2) - f(x_1)| < L\,|x_2 - x_1|.$$

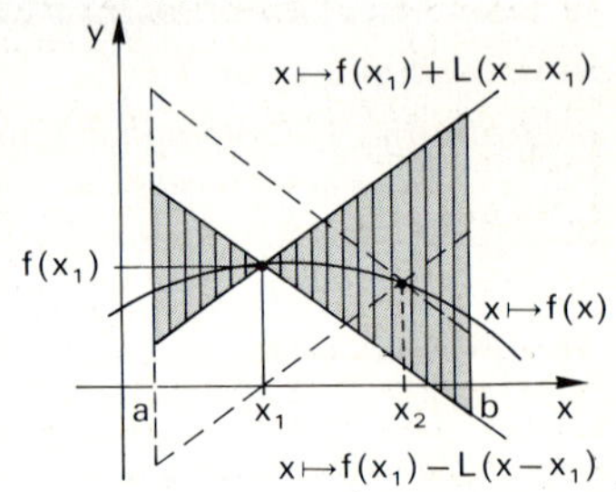

Jede dehnungsbeschränkte Funktion ist auch stetig (Umkehrung gilt nicht!).

> **Zwischenwertsatz**
>
> Ist f stetig auf $[a, b]$, dann gibt es zu jedem y_0 zwischen $f(a)$ und $f(b)$ ein $x_0 \in [a, b]$, so dass $y_0 = f(x_0)$ gilt.

> **Maximum-Minimumsatz**
>
> Ist f stetig auf $[a, b]$, dann besitzt f auf $[a, b]$ einen größten Funktionswert (Maximum) und einen kleinsten Funktionswert (Minimum).

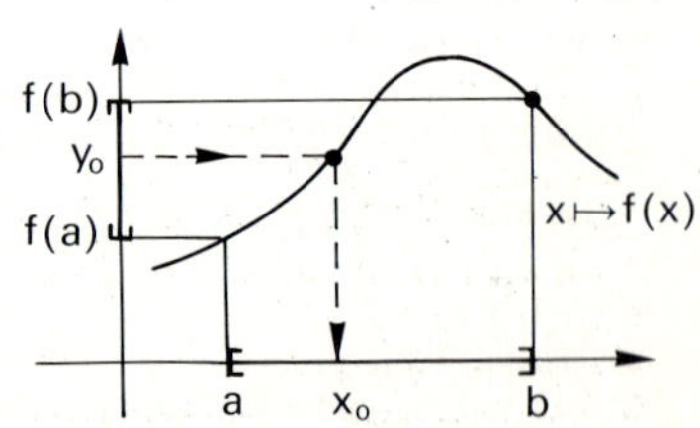

---

*) Umgebung: Def. siehe S. 6.

5.5 Differenziation (x_0 Häufungspunkt von D)

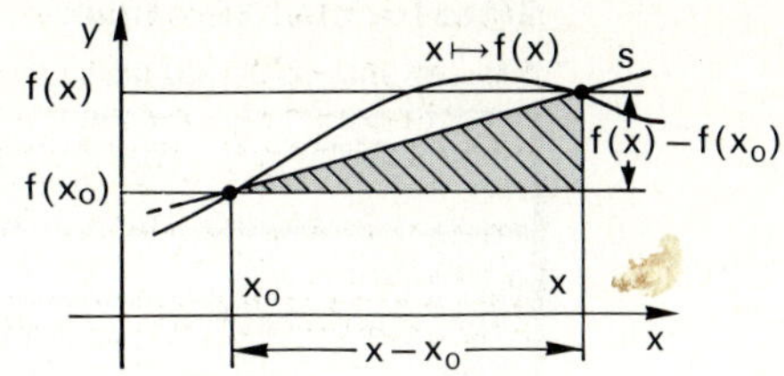

> Die Funktion $f\colon D \to \mathbb{R}$ heißt an der Stelle $x_0 \in D$ **differenzierbar** mit der **Ableitung** $f'(x_0)$, wenn gilt:
>
> $$\lim_{x \to x_0} \frac{f(x)-f(x_0)}{x-x_0} = f'(x_0)$$

Äquivalente Definitionen: Die Funktion $f\colon D \to \mathbb{R}$ heißt an der Stelle $x_0 \in D$ *differenzierbar* mit der Ableitung $f'(x_0)$, wenn

a) die Funktion $x \mapsto \dfrac{f(x)-f(x_0)}{x-x_0}$, $x \in D \setminus \{x_0\}$ in x_0 die stetige Ergänzung $f'(x_0)$ besitzt.

b) es eine in x_0 stetige Funktion $r\colon D \to \mathbb{R}$ mit $r(x_0)=0$ gibt,
so dass für alle $x \in D$ gilt: $f(x) = f(x_0) + f'(x_0)(x-x_0) + r(x)(x-x_0)$.

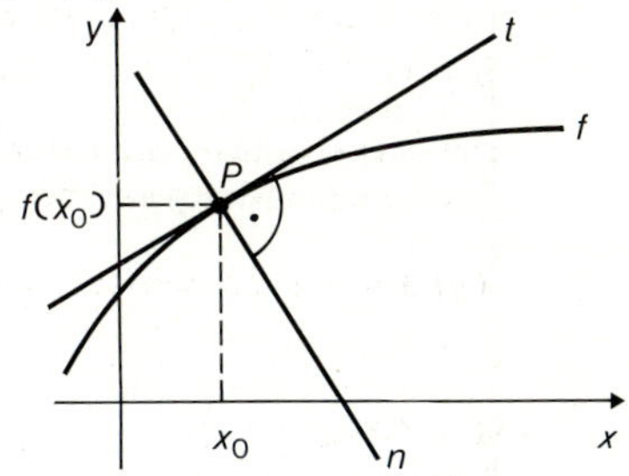

Tangente: Gerade durch den Kurvenpunkt $P(x_0|f(x_0))$ mit der Steigung $f'(x_0)$.
Gleichung: $y = f(x_0) + f'(x_0) \cdot (x-x_0)$

Normale: Gerade durch den Kurvenpunkt $P(x_0|f(x_0))$, die in P senkrecht auf der Tangente steht.

Differenzen:	$\Delta x := x - x_0$, $\Delta y := f(x) - f(x_0)$
Differenzenquotient: Steigung der Sekante	$\dfrac{\Delta y}{\Delta x} = \dfrac{f(x_0+\Delta x) - f(x_0)}{\Delta x}$
Differenziale:	$dx := \Delta x$; $df := f'(x_0)\,\Delta x$
Differenzialquotient: Steigung der Tangente	$\dfrac{df}{dx} = f'(x_0)$

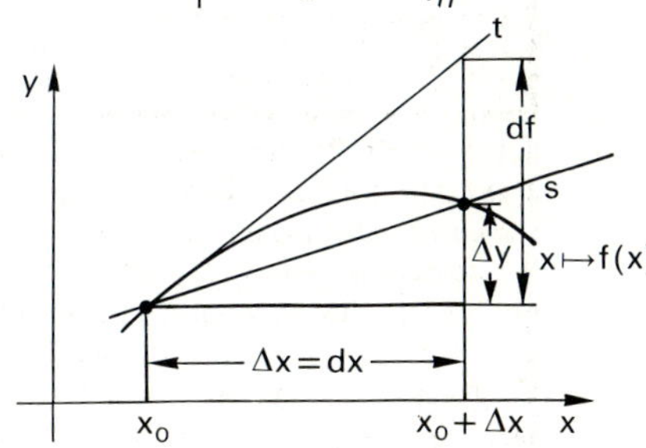

Ableitungsregeln

Falls die Funktionen g und h in x differenzierbar sind, gilt:

Additivität:	$f(x) = g(x) + h(x)$	$\Rightarrow f'(x) = g'(x) + h'(x)$
Konstanter Faktor: (Homogenität)	$f(x) = c \cdot g(x)$	$\Rightarrow f'(x) = c \cdot g'(x)$
Produktregel:	$f(x) = g(x) \cdot h(x)$	$\Rightarrow f'(x) = g'(x) \cdot h(x) + g(x) \cdot h'(x)$
Quotientenregel: (bei $h(x) \neq 0$)	$f(x) = \dfrac{g(x)}{h(x)}$	$\Rightarrow f'(x) = \dfrac{g'(x) \cdot h(x) - g(x) \cdot h'(x)}{(h(x))^2}$

Die Funktion $h \circ g$ ist an der Stelle x differenzierbar, falls g an der Stelle x und h an der Stelle $g(x)$ differenzierbar ist. Hierbei gilt:

> *Kettenregel:* $f(x) = h(g(x)) \Rightarrow f'(x) = h'(g(x)) \cdot g'(x)$.

Die Umkehrfunktion f^{-1} von f ist an der Stelle y mit $y = f(x)$ differenzierbar, wenn f in x differenzierbar ist, $f'(x) \neq 0$ gilt und f^{-1} an der Stelle y stetig ist. Hierbei gilt:

> *Ableitung der Umkehrfunktion:* $y = f(x)$ und $x = f^{-1}(y) \Rightarrow (f^{-1})'(y) = \dfrac{1}{f'(x)}$

Sätze für die Kurvendiskussion

$f: D \to \mathbb{R}$; I ist ein Intervall aus D und $x_0 \in D$. f ist gegebenenfalls dreimal differenzierbar auf I.

Eigenschaft	notwendige Bedingung	hinreichende Bedingung	
f ist streng **monoton steigend** auf I.	$f'(x) \geq 0$ für alle $x \in I$	$f'(x) > 0$ für alle $x \in I$	
f ist streng **monoton fallend** auf I.	$f'(x) \leq 0$ für alle $x \in I$	$f'(x) < 0$ für alle $x \in I$	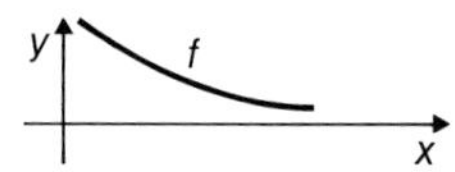
f hat an x_0 ein **Maximum**. $(x_0 \mid f(x_0))$ **Hochpunkt**	$f'(x_0) = 0$	$f'(x_0) = 0$ und*) $f''(x_0) < 0$	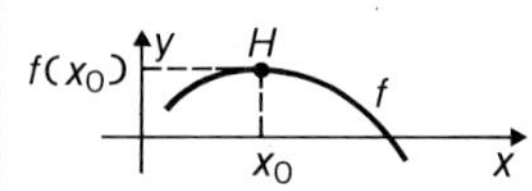
f hat an x_0 ein **Minimum**. $(x_0 \mid f(x_0))$ **Tiefpunkt**	$f'(x_0) = 0$	$f'(x_0) = 0$ und*) $f''(x_0) > 0$	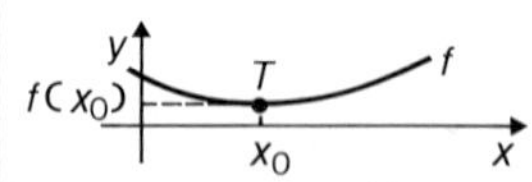
f hat an x_0 eine **Wendestelle** $(x_0 \mid f(x_0))$ **Wendepunkt**	$f''(x_0) = 0$	$f''(x_0) = 0$ und $f'''(x_0) \neq 0$	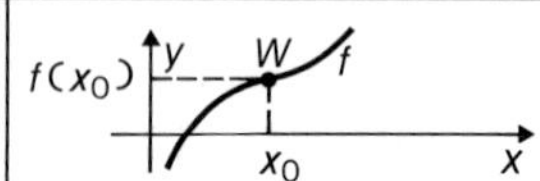
f ist **linksgekrümmt** (**konvex**) auf I.	$f''(x) \geq 0$ für alle $x \in I$	$f''(x) > 0$ für alle $x \in I$	
f ist **rechtsgekrümmt** (**konkav**) auf I.	$f''(x) \leq 0$ für alle $x \in I$	$f''(x) < 0$ für alle $x \in I$	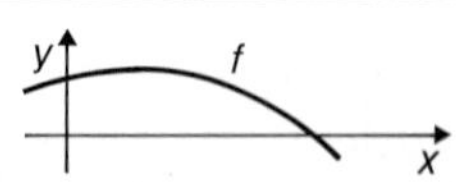

*) Eine weitere hinreichende Bedingung für Extrema an x_0: $f'(x_0) = 0$ und f' hat an x_0 einen Vorzeichenwechsel.

Krümmungsradius: $\rho = \frac{\sqrt{(1 + (f'(x))^2)^3}}{f''(x)}$; $(f''(x) \neq 0)$

Weitere Sätze über differenzierbare Funktionen

Schrankensatz: Aus $m \leq f'(x) \leq M$ für alle $x \in [a, b]$ folgt $m(b-a) \leq f(b) - f(a) \leq M(b-a)$.

Mittelwertsatz der Differenzialrechnung:
Ist f stetig auf $[a, b]$ und über $]a, b[$ differenzierbar, so gibt es ein $c \in]a, b[$ mit

$$f(b) - f(a) = f'(c)(b-a).$$

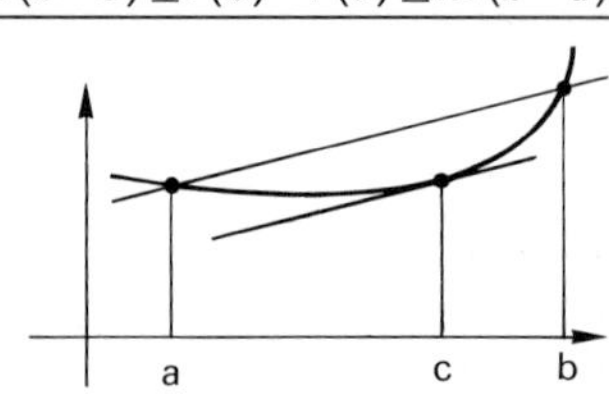

Regel von de l'Hospital: Für $f(x_0) = g(x_0) = 0$ und $g'(x_0) \neq 0$ gilt: $\lim\limits_{x \to x_0} \frac{f(x)}{g(x)} = \frac{f'(x_0)}{g'(x_0)}$

5.6 Integration

> Die differenzierbare Funktion $F: D \to \mathbb{R}$ heißt **Stammfunktion** der Funktion $f: D \to \mathbb{R}$, wenn $F' = f$ gilt.

Ist F eine Stammfunktion der auf einem *Intervall* D definierten Funktion f, so erhält man *alle* Stammfunktionen von f durch $x \mapsto F(x) + c$, $x \in D$, wenn c alle reellen Zahlen durchläuft.

> **Hauptsatz** der Differenzial- und Integralrechnung:
> Ist f auf dem Intervall D stetig, dann ist die auf D definierte
>
> $$\textbf{Integralfunktion} \quad I: x \mapsto \int_a^x f(t)\,\mathrm{d}t$$
>
> differenzierbar, und es gilt $I' = f$.
> Ist F eine beliebige Stammfunktion der auf dem Intervall D stetigen Funktion f, dann gilt für $a, b \in D$:
>
> $$\int_a^b f(t)\,\mathrm{d}t = F(b) - F(a)$$

Eigenschaften des Integrals
Für $f: D \to \mathbb{R}$ und $g: D \to \mathbb{R}$ (D Intervall) gilt bei $a, b, c \in D$ und $r, s \in \mathbb{R}$:

Intervalladditivität	$\int_a^b f(t)\,\mathrm{d}t + \int_b^c f(t)\,\mathrm{d}t = \int_a^c f(t)\,\mathrm{d}t$
Vertauschen der Grenzen	$\int_a^b f(t)\,\mathrm{d}t = -\int_b^a f(t)\,\mathrm{d}t$
Abschätzbarkeit	Aus $m \le f(t) \le M$ für alle $t \in [a, b]$ folgt $m(b-a) \le \int_a^b f(t)\,\mathrm{d}t \le M(b-a)$
Mittelwertsatz der Integralrechnung	Ist f stetig auf $[a, b]$, dann gibt es ein $c \in]a, b[$, so dass gilt: $f(c)\cdot(b-a) = \int_a^b f(t)\,\mathrm{d}t$
Linearität	$\int_a^b (rf(t) + sg(t))\,\mathrm{d}t = r\int_a^b f(t)\,\mathrm{d}t + s\int_a^b g(t)\,\mathrm{d}t$
Monotonie	Aus $f(t) \le g(t)$ für alle $t \in [a, b]$ folgt $\int_a^b f(t)\,\mathrm{d}t \le \int_a^b g(t)\,\mathrm{d}t$
Partielle Integration	$\int_a^b f(t)\,g'(t)\,\mathrm{d}t = f(b)\,g(b) - f(a)\,g(a) - \int_a^b f'(t)\,g(t)\,\mathrm{d}t$
Integration durch Substitution	Sind f und g' stetig und existiert $f \circ g$, dann gilt: $\int_a^b f(g(t))\cdot g'(t)\,\mathrm{d}t = \int_{g(a)}^{g(b)} f(x)\,\mathrm{d}x$ mit $x = g(t)$
	falls g noch umkehrbar ist, gilt $\int_c^d f(x)\,\mathrm{d}x = \int_{g^{-1}(c)}^{g^{-1}(d)} f(g(t))\cdot g'(t)\mathrm{d}t$ mit $x = g(t)$ und $\mathrm{d}x = g'(t)\,\mathrm{d}t$

Flächeninhalt: Nichtorientierter Flächeninhalt $A := \int_a^b |f(x)|\,dx$

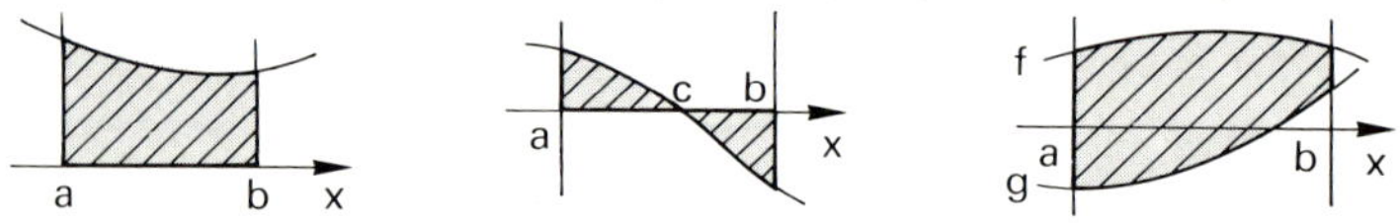

$\int_a^b f(x)\,dx$ $\quad \left|\int_a^c f(x)\,dx\right| + \left|\int_c^b f(x)\,dx\right|$ $\quad \left|\int_a^b (f(x) - g(x))\,dx\right|$

Orientierter Flächeninhalt $F_a^b := \int_a^b f(x)\,dx$

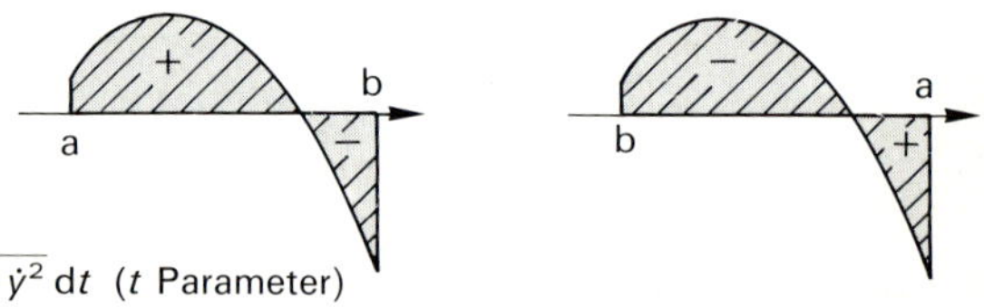

Bogenlänge: $s = \int_a^b \sqrt{1 + f'(x)^2}\,dx = \int_{t_1}^{t_2} \sqrt{\dot{x}^2 + \dot{y}^2}\,dt$ (t Parameter)

Volumen von Drehkörpern: Erzeugt durch Rotation des Schaubildes von f

um die x-Achse: $V_a^b = \pi \int_a^b (f(x))^2\,dx$,

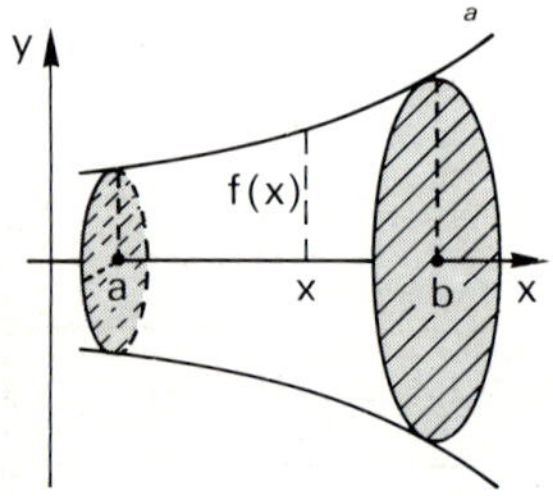

um die y-Achse: $V_c^d = \pi \int_c^d (f^{-1}(y))^2\,dy$

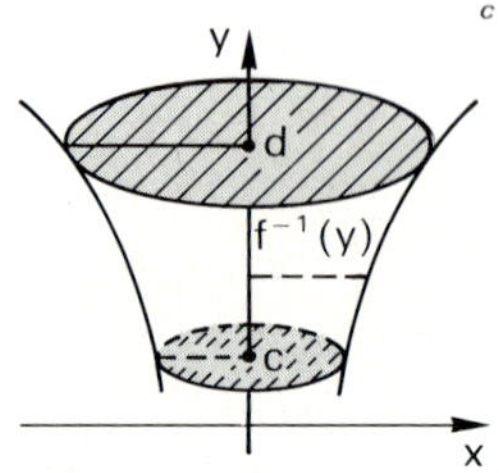

Mantelfläche: Erzeugt durch Rotation des Schaubildes von f um x-Achse:

$$M_a^b = 2\pi \int_a^b f(x) \sqrt{1 + (f'(x))^2}\,dx$$

Ableitung f'; $f' = F''$	**Funktion** f; $f = F'$	eine **Stammfunktion** F zu f
$f'(x)$	$f(x)$	$F(x)$
0	a (konstant)	$a \cdot x$
$r \cdot x^{r-1}$	x^r $\quad (r \in \mathbb{R})$	$\frac{1}{r+1} \cdot x^{r+1}$ $\quad (r \neq -1)$
	$\frac{1}{x}$ $\quad (x \neq 0)$	$\ln\lvert x\rvert$
	$\frac{u'(x)}{u(x)}$ $\quad (u(x) \neq 0)$	$\ln\lvert u(x)\rvert$
e^x	e^x	e^x
$a^x \cdot \ln a$	a^x $\quad (a > 0;\ a \neq 1)$	$a^x \cdot (\ln a)^{-1}$
$\frac{1}{x}$	$\ln x$ $\quad (x > 0)$	$x \cdot \ln x - x$
$\frac{1}{x \cdot \ln b}$	$\log_b(x)$ $\quad (x > 0)$	$\frac{1}{\ln b} \cdot (x \cdot \ln x - x)$

$f'(x)$	$f(x)$	$F(x)$
$\cos x$	$\sin x$	$-\cos x$
$-\sin x$	$\cos x$	$\sin x$
$\frac{1}{\cos^2 x}=1+\tan^2 x$	$\tan x \quad \left(x \neq (2z+1)\frac{\pi}{2}, z\in\mathbb{Z}\right)$	$-\ln\lvert\cos x\rvert$
$\frac{-1}{\sin^2 x}=-(1+\cot^2 x)$	$\cot x \quad (x \neq z\pi, z\in\mathbb{Z})$	$\ln\lvert\sin x\rvert$
	$\frac{1}{\sin x}$	$\ln\left\lvert\tan\frac{x}{2}\right\rvert$
	$\frac{1}{\cos x}$	$\ln\left\lvert\tan\left(\frac{x}{2}+\frac{\pi}{4}\right)\right\rvert$
	$\sin^2 x$	$\frac{1}{2}(x-\sin x\cdot\cos x)$
	$\cos^2 x$	$\frac{1}{2}(x+\sin x\cdot\cos x)$
$\frac{1}{\sqrt{1-x^2}} \quad (\lvert x\rvert<1)$	$\arcsin x$	$x\cdot\arcsin x+\sqrt{1-x^2}$
$-\frac{1}{\sqrt{1-x^2}} \quad (\lvert x\rvert<1)$	$\arccos x$	$x\cdot\arccos x-\sqrt{1-x^2}$
$\frac{1}{1+x^2}$	$\arctan x$	$x\cdot\arctan x-\frac{1}{2}\ln(1+x^2)$
$-\frac{1}{1+x^2}$	$\operatorname{arccot} x$	$x\cdot\operatorname{arccot} x+\frac{1}{2}\ln(1+x^2)$
$\cosh x$	$\sinh x:=\frac{e^x-e^{-x}}{2}$	$\cosh x$
$\sinh x$	$\cosh x:=\frac{e^x+e^{-x}}{2}$	$\sinh x$
$\frac{1}{\cosh^2 x}$	$\tanh x:=\frac{\sinh x}{\cosh x}$	$\ln\cosh x$
$\frac{1}{\sqrt{x^2+1}}$	$\operatorname{arsinh} x=\ln(x+\sqrt{x^2+1})$	$x\cdot\operatorname{arsinh} x-\sqrt{x^2+1}$
$\frac{1}{\sqrt{x^2-1}} \quad (\lvert x\rvert>1)$	$\operatorname{arcosh} x=\ln(x+\sqrt{x^2-1})$	$x\cdot\operatorname{arcosh} x-\sqrt{x^2-1}$
$\frac{1}{1-x^2} \quad (\lvert x\rvert<1)$	$\operatorname{artanh} x=\frac{1}{2}\cdot\ln\frac{1+x}{1-x}$	$x\cdot\operatorname{artanh} x+\frac{1}{2}\ln(1-x^2)$
	$\frac{1}{(x-a)\cdot(x-b)}$	$\frac{1}{a-b}\ln\left\lvert\frac{x-a}{x-b}\right\rvert \quad (a\neq b)$
	$\sqrt{1-x^2} \quad (\lvert x\rvert<1)$	$\frac{x}{2}\sqrt{1-x^2}+\frac{1}{2}\arcsin x$
	$\sqrt{x^2-1} \quad (\lvert x\rvert>1)$	$\frac{x}{2}\sqrt{x^2-1}-\frac{1}{2}\ln\lvert x+\sqrt{x^2-1}\rvert$

5.7 Näherungsverfahren, Reihenentwicklungen

Iterationsverfahren zur Bestimmung einer Nullstelle α der Gleichung $f(x)=0$

Regula Falsi Sekantenverfahren	**Newtonsches Verfahren** Tangentenverfahren	**Allgemeines Verfahren** $f(x)+x=\varphi(x)$
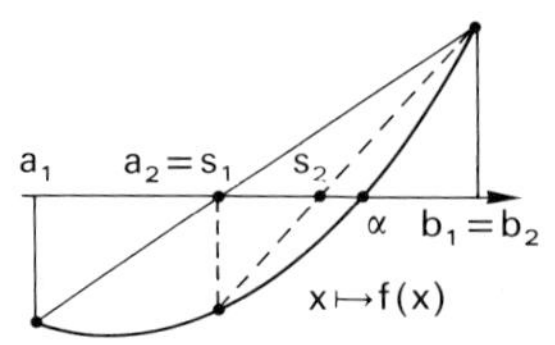	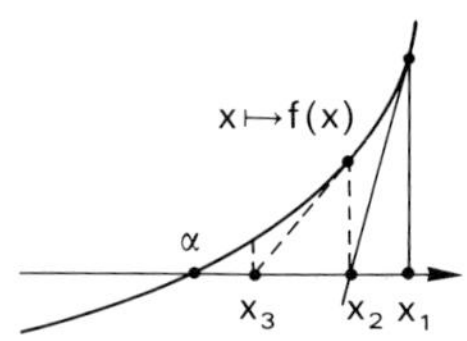	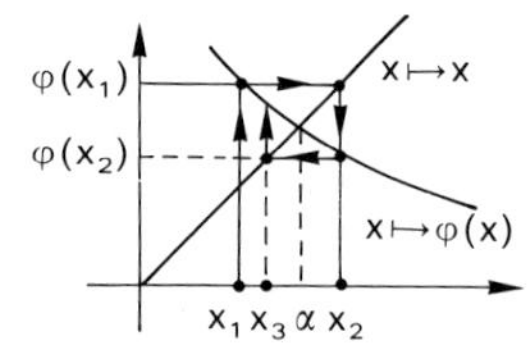
$s_i=a_i-\dfrac{(a_i-b_i)\,f(a_i)}{f(a_i)-f(b_i)}$	$x_{i+1}=x_i-\dfrac{f(x_i)}{f'(x_i)}$	$x_{i+1}=\varphi(x_i)$
$f(a_i)$ und $f(b_i)$ haben verschiedene Vorzeichen	Die Folge (x_i) konvergiert gegen α bei $f'(x_i)\neq 0$ und $f(x_i)\cdot f''(x_i)>0$	Die Folge (x_i) konvergiert gegen den *Fixpunkt* α, wenn in einer Umgebung von α gilt: $\lvert\varphi'(x)\rvert\leq L<1$

Numerische Integration

$[a, b]$ sei durch $(x_0=a, x_1, \ldots, x_k=b)$ in k Intervalle gleicher Länge $h=\dfrac{b-a}{k}$ zerlegt.

Trapezregel	$\int_a^b f(x)\,dx \approx h\left(\tfrac{1}{2}f(x_0)+f(x_1)+\cdots+f(x_{k-1})+\tfrac{1}{2}f(x_k)\right)$
Keplersche Faßregel	$\int_a^b f(x)\,dx \approx \dfrac{h}{3}\left(f(x_0)+4f(x_1)+f(x_2)\right)$
Simpsonsche Regel (k gerade)	$\int_a^b f(x)\,dx \approx \dfrac{h}{3}\left(f(x_0)+4f(x_1)+2f(x_2)+4f(x_3)+\cdots\right.$ $\left.\cdots+2f(x_{k-2})+4f(x_{k-1})+f(x_k)\right)$

Reihe zu einer Folge (a_i): Folge der *Partialsummen* (s_n) mit $s_n:=\sum_{k=1}^{n} a_k=a_1+a_2+\cdots+a_n$.

Konvergente Reihe: (s_n) konvergiert; $\lim_{n\to\infty} s_n=s$ heißt Summe der konvergenten Reihe: $\sum_{k=1}^{\infty} a_k:=s$.

Geometrische Reihe: $s_n=a_1+a_1 q+\cdots+a_1 q^{n-1}=a_1\dfrac{1-q^n}{1-q}$, konvergent für $\lvert q\rvert<1$, $s=\dfrac{a_1}{1-q}$

Konvergenzkriterien: Die Reihe $\left(\sum_{k=1}^{m} a_k\right)$ ist *konvergent,* wenn es ein $n_0\in\mathbb{N}^*$ gibt, so dass für alle $n\in\mathbb{N}^*$ mit $n>n_0$ gilt:

Majorantenkriterium	$\lvert a_n\rvert\leq b_n$ und $\left(\sum_{k=1}^{m} b_k\right)$ konvergent
Quotientenkriterium	$a_n\neq 0$ und $\left\lvert\dfrac{a_{n+1}}{a_n}\right\rvert\leq q<1$
Wurzelkriterium	$\sqrt[n]{\lvert a_n\rvert}\leq q<1$
Leibnizkriterium für *„alternierende"* Reihen	$a_n\cdot a_{n+1}<0$, $\lvert a_{n+1}\rvert<\lvert a_n\rvert$ und $\lim_{n\to\infty} a_n=0$

Taylorreihe

f sei in einer Umgebung U von a genügend oft differenzierbar. Für $a+h \in U$ gilt dann:

Taylorentwicklung	$f(a+h) = f(a)+\frac{h}{1!}f'(a)+\frac{h^2}{2!}f''(a)+\cdots+\frac{h^n}{n!}f^{(n)}(a)+R_n$
Restglied	$R_n = \frac{h^{n+1}}{(n+1)!}\cdot f^{(n+1)}(a+\vartheta h)$ mit $0<\vartheta<1$

Für $\lim\limits_{n\to\infty} R_n=0$ gilt:

Taylorreihe	$f(a+h) = f(a)+\frac{h}{1!}f'(a)+\frac{h^2}{2!}f''(a)+\cdots+\frac{h^n}{n!}f^{(n)}(a)+\cdots$

Sonderfall für $a=0$; h in x umbenannt:

MacLaurinsche Reihe	$f(x) = f(0)+\frac{x}{1!}f'(0)+\frac{x^2}{2!}f''(0)+\cdots+\frac{x^n}{n!}f^{(n)}(0)+\cdots$

Anwendungen auf elementare Funktionen

Exponentialreihe $x\in\mathbb{R}$	$e^x=1+\frac{x}{1!}+\frac{x^2}{2!}+\frac{x^3}{3!}+\cdots+\frac{x^k}{k!}+\cdots$
Logarithmische Reihe $-1<x\leq 1$	$\ln(1+x)=x-\frac{x^2}{2}+\frac{x^3}{3}-\cdots+\frac{x^{2k-1}}{2k-1}-\frac{x^{2k}}{2k}+\cdots$
Sinusreihe $x\in\mathbb{R}$	$\sin x=x-\frac{x^3}{3!}+\frac{x^5}{5!}-\cdots+\frac{x^{4k+1}}{(4k+1)!}-\frac{x^{4k+3}}{(4k+3)!}+\cdots$
Cosinusreihe $x\in\mathbb{R}$	$\cos x=1-\frac{x^2}{2!}+\frac{x^4}{4!}-\cdots+\frac{x^{4k}}{(4k)!}-\frac{x^{4k+2}}{(4k+2)!}+\cdots$
Arcustangensreihe $\lvert x\rvert\leq 1$	$\arctan x=x-\frac{x^3}{3}+\frac{x^5}{5}-\cdots+\frac{x^{4k+1}}{4k+1}-\frac{x^{4k+3}}{4k+3}+\cdots$
Binomialreihe $r\in\mathbb{R}$, $\lvert x\rvert<1$	$(1+x)^r=1+\binom{r}{1}x+\binom{r}{2}x^2+\cdots+\binom{r}{k}x^k+\cdots$ mit $\binom{r}{k}=\frac{r\cdot(r-1)\cdot\cdots\cdot(r-k+1)}{k!}$

$$\sqrt{1+x}=1+\frac{1}{2}x+\frac{1}{2!}\cdot\frac{1}{2}\cdot\left(-\frac{1}{2}\right)x^2+\frac{1}{3!}\cdot\frac{1}{2}\cdot\left(-\frac{1}{2}\right)\left(-\frac{3}{2}\right)x^3+\cdots=1+\frac{1}{2}x-\frac{1}{8}x^2+\frac{1}{16}x^3-+\cdots$$

Näherungspolynome der Sinus-Reihe ($a=0$; $-\pi\leq x\leq +\pi$)

$$p_1(x)=x$$

$$p_3(x)=x-\frac{x^3}{3!}$$

$$p_5(x)=x-\frac{x^3}{3!}+\frac{x^5}{5!}$$

$$p_7(x)=x-\frac{x^3}{3!}+\frac{x^5}{5!}-\frac{x^7}{7!} \qquad \sin x=x-\frac{x^3}{3!}+\frac{x^5}{5!}-\frac{x^7}{7!}+-\cdots$$

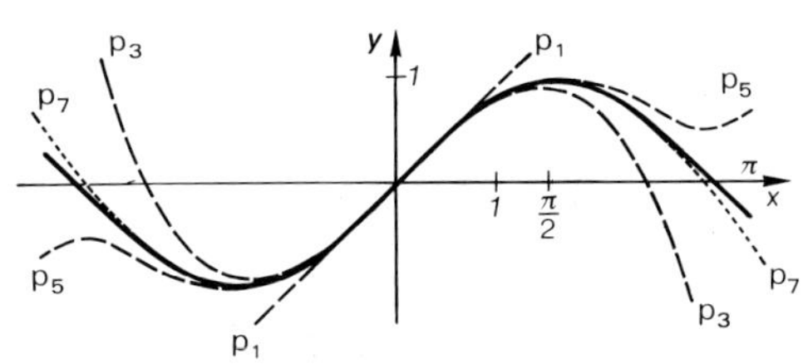

5.8 Differenzialgleichungen (DGLen) ($a, b, c, d, k, l, w \in \mathbb{R}$)

Die lineare homogene DGL 1. Ordnung mit konstanten Koeffizienten: Die Lösungsmenge ist eine Menge von Funktionen und bildet einen eindimensionalen Vektorraum über $\mathbb{R}$.

DGL	allgemeine Lösung f
$f'(x)=0$	$f(x)=c$
$f'(x)+af(x)=0$	$f(x)=ce^{-ax}$

Statt Lösen einer DGL gelegentlich auch Integrieren einer DGL; dabei wird c „Integrationskonstante" genannt. Man erhält die gesamte Lösungsmenge, wenn c ganz $\mathbb{R}$ durchläuft.

Lineare DGLen 1. Ordnung mit konstanten Koeffizienten: Man erhält alle Lösungen einer solchen DGL, indem man zu einer partikulären Lösung alle Lösungen der zugehörigen homogenen DGL addiert.

DGL	partikuläre Lösung f_p	allgemeine Lösung f
$f'(x)=k$	$f_p(x)=kx$	$f(x)=kx+c$
$f'(x)=kx+l$	$f_p(x)=\frac{1}{2}kx^2+lx$	$f(x)=\frac{1}{2}kx^2+lx+c$
$f'(x)+af(x)=k$	$f_p(x)=\frac{k}{a}$	$f(x)=\frac{k}{a}+ce^{-ax};\ a\neq 0$

Die lineare homogene DGL 2. Ordnung mit konstanten Koeffizienten

Die Lösungsmenge bildet einen zweidimensionalen Vektorraum über $\mathbb{R}$.

DGL	allgemeine Lösung f
$f''(x)=0$	$f(x)=cx+d$
$f''(x)+bf(x)=0;\ b>0$	$f(x)=c\sin\sqrt{b}\,x+d\cos\sqrt{b}\,x$ $=A\sin(\sqrt{b}\,x+\varphi)$ mit $A=\sqrt{c^2+d^2}$ und $\tan\varphi=\frac{d}{c}$
$f''(x)+bf(x)=0;\ b<0$	$f(x)=ce^{\sqrt{-b}\,x}+de^{-\sqrt{-b}\,x}$
$f''(x)+af'(x)+bf(x)=0;\ a^2>4b$	$f(x)=ce^{\left(-\frac{a}{2}+\frac{1}{2}\sqrt{a^2-4b}\right)x}+de^{\left(-\frac{a}{2}-\frac{1}{2}\sqrt{a^2-4b}\right)x}$
$f''(x)+af'(x)+bf(x)=0;\ a^2=4b$	$f(x)=cxe^{-\frac{a}{2}x}+de^{-\frac{a}{2}x}$
$f''(x)+af'(x)+bf(x)=0;\ a^2<4b$	$f(x)=c\cdot e^{-\frac{a}{2}x}\sin\frac{1}{2}\sqrt{4b-a^2}\,x+de^{-\frac{a}{2}x}\cos\frac{1}{2}\sqrt{4b-a^2}\,x$ $=e^{-\frac{a}{2}x}A\sin\left(\frac{1}{2}\sqrt{4b-a^2}\,x+\varphi\right)$ mit $A=\sqrt{c^2+d^2}$ und $\tan\varphi=\frac{d}{c}$

Lineare DGLen 2. Ordnung mit konstanten Koeffizienten

Man erhält alle Lösungen einer solchen DGL, indem man zu einer partikulären Lösung alle Lösungen der zugehörigen homogenen DGL addiert.

DGL	partikuläre Lösung f_p
$f''(x)+af'(x)+bf(x)=k$	$f_p(x)=\frac{k}{b};\ b\neq 0$
$f''(x)+af'(x)+bf(x)=k\sin(\omega x)$	$f_p(x)=\frac{k(b-\omega^2)}{(b-\omega^2)^2+a^2\omega^2}\sin\omega x-\frac{ka\omega}{(b-\omega^2)^2+a^2\omega^2}\cos\omega x$

6. Lineare Algebra, Analytische Geometrie

6.1 Vektorräume

Auf der Menge V mit den Elementen $\vec{a}, \vec{b}, \vec{c}, \ldots$ sei eine *Addition* $(+)$ $V \times V \to V$ und eine *S-Multiplikation* $(\cdot)$ $\mathbb{R} \times V \to V$ definiert.

Reeller Vektorraum: V heißt *reeller Vektorraum*, wenn folgende Eigenschaften erfüllt sind:

I. $(V, +)$ ist eine *kommutative Gruppe*, das heißt, es gilt:
  a) $\vec{a}+\vec{b}=\vec{b}+\vec{a}$ für alle $\vec{a}, \vec{b} \in V$ (*Kommutativität*)
  b) $(\vec{a}+\vec{b})+\vec{c}=\vec{a}+(\vec{b}+\vec{c})$ für alle $\vec{a}, \vec{b}, \vec{c} \in V$ (*Assoziativität*)
  c) Es gibt genau ein $\vec{o} \in V$, so dass für alle $\vec{a} \in V$ gilt: $\vec{a}+\vec{o}=\vec{o}+\vec{a}=\vec{a}$ (Existenz und Eindeutigkeit des *Nullvektors*).
  d) Für jedes $\vec{a} \in V$ gibt es genau ein $\vec{a}' \in V$, so dass $\vec{a}+\vec{a}'=\vec{a}'+\vec{a}=\vec{o}$ gilt (Existenz und Eindeutigkeit des zu $\vec{a}$ *inversen Vektors*).

II. Für alle $\vec{a}, \vec{b} \in V$ und für alle $r, s \in \mathbb{R}$ gilt:
  a) $(r \cdot s) \cdot \vec{a}=r \cdot (s \cdot \vec{a})$
  b) $(r+s) \cdot \vec{a}=r \cdot \vec{a}+s \cdot \vec{a}$
  c) $r \cdot (\vec{a}+\vec{b})=r \cdot \vec{a}+r \cdot \vec{b}$
  d) $1 \cdot \vec{a}=\vec{a}$

Man schreibt statt $\vec{a}'$ auch $-\vec{a}$.

Untervektorraum: Eine nichtleere Teilmenge U eines Vektorraumes V heißt *Untervektorraum* von V, wenn U bezüglich der Addition und S-Multiplikation von V ein Vektorraum ist.

Untervektorraumkriterium: Eine nichtleere Teilmenge U eines Vektorraumes V ist genau dann ein Untervektorraum von V, wenn die folgenden zwei Bedingungen erfüllt sind:

(1) $\vec{a}, \vec{b} \in U \Rightarrow \vec{a}+\vec{b} \in U$ und (2) $r \in \mathbb{R}$ und $\vec{a} \in U \Rightarrow r \cdot \vec{a} \in U$

Linearkombination: Der Vektor $\vec{x}$ heißt *Linearkombination* der Vektoren $\vec{a}_1, \vec{a}_2, \ldots, \vec{a}_k$, wenn $\vec{x}$ als Summe von Vielfachen der Vektoren $\vec{a}_1, \vec{a}_2, \ldots, \vec{a}_k$ dargestellt werden kann:

$$\vec{x}=r_1 \cdot \vec{a}_1+r_2 \cdot \vec{a}_2+\ldots+r_k \cdot \vec{a}_k.$$

Lineare Hülle: Die Menge aller Linearkombinationen der Vektoren $\vec{a}_1, \vec{a}_2, \ldots, \vec{a}_k$ heißt die *lineare Hülle* der Vektoren $\vec{a}_1, \vec{a}_2, \ldots, \vec{a}_k$. Schreibweise: $[\vec{a}_1, \vec{a}_2, \ldots, \vec{a}_k]$

Erzeugendensystem: Die Vektoren $\vec{a}_1, \vec{a}_2, \ldots, \vec{a}_k$ bilden ein *Erzeugendensystem* des Vektorraumes V, wenn sich jeder Vektor aus V als Linearkombination der Vektoren $\vec{a}_1, \vec{a}_2, \ldots, \vec{a}_k$ darstellen lässt ($[\vec{a}_1, \vec{a}_2, \ldots, \vec{a}_k]=V$).

Lineare Unabhängigkeit: Die Vektoren $\vec{a}_1, \vec{a}_2, \ldots, \vec{a}_k$ heißen *linear unabhängig*, wenn die Gleichung $r_1 \vec{a}_1+r_2 \vec{a}_2+\ldots+r_k \vec{a}_k=\vec{o}$ nur die Lösung $r_1=r_2=\ldots=r_k=o$ besitzt.

Sind k Vektoren nicht linear unabhängig, so heißen sie *linear abhängig*.

Basis: Die linear unabhängigen Vektoren $(\vec{a}_1, \vec{a}_2, \ldots, \vec{a}_n)$ bilden eine *Basis* eines Vektorraumes V, wenn sich jeder Vektor aus V als Linearkombination der Vektoren $\vec{a}_1, \vec{a}_2, \ldots, \vec{a}_n$ darstellen lässt.
$(\vec{a}_1, \vec{a}_2, \ldots, \vec{a}_n)$ bilden genau dann eine Basis von V, wenn sich jeder Vektor aus V eindeutig als Linearkombination aus $\vec{a}_1, \vec{a}_2, \ldots, \vec{a}_n$ darstellen lässt.

Koordinaten: Die in $\vec{x}=x_1\vec{a}_1+x_2\vec{a}_2+\ldots+x_n\vec{a}_n$ eindeutig bestimmten Koeffizienten $x_1, x_2, \ldots, x_n$ sind die Koordinaten von $\vec{x}$ bezüglich der Basis $(\vec{a}_1, \vec{a}_2, \ldots, \vec{a}_n)$.

Spaltenschreibweise: $\vec{x}=\begin{pmatrix} x_1 \\ \vdots \\ x_n \end{pmatrix}$. Es ist $\begin{pmatrix} x_1 \\ \vdots \\ x_n \end{pmatrix}+\begin{pmatrix} y_1 \\ \vdots \\ y_n \end{pmatrix}=\begin{pmatrix} x_1+y_1 \\ \vdots \\ x_n+y_n \end{pmatrix}$ und $r \cdot \begin{pmatrix} x_1 \\ \vdots \\ x_n \end{pmatrix}=\begin{pmatrix} rx_1 \\ \vdots \\ rx_n \end{pmatrix}$

Dimension: Bilden n Vektoren eine Basis des Vektorraumes V, so besteht jede Basis von V aus n Vektoren und man nennt n die *Dimension* von V.
Ein Vektorraum besitzt genau dann die Dimension n, wenn folgende zwei Bedingungen erfüllt sind:
(1) Es gibt n linear unabhängige Vektoren in V.
(2) Je $n+1$ Vektoren aus V sind linear abhängig.

6.2 Affine Punkträume

V sei ein Vektorraum, A eine Menge von Punkten $P, Q, R, \ldots$. Je zwei Punkten P und Q aus A wird genau ein Vektor $\overrightarrow{PQ}$ aus V zugeordnet.

Affiner Punktraum: A heißt *affiner Punktraum*, wenn folgende zwei Eigenschaften gelten:
(1) Zu jedem Punkt $P \in A$ und Vektor $\vec{a} \in V$ gibt es genau einen Punkt $Q \in A$ mit $\overrightarrow{PQ} = \vec{a}$.
(2) Für jeweils drei Punkte $P, Q, R \in A$ gilt: $\overrightarrow{PQ} + \overrightarrow{QR} = \overrightarrow{PR}$

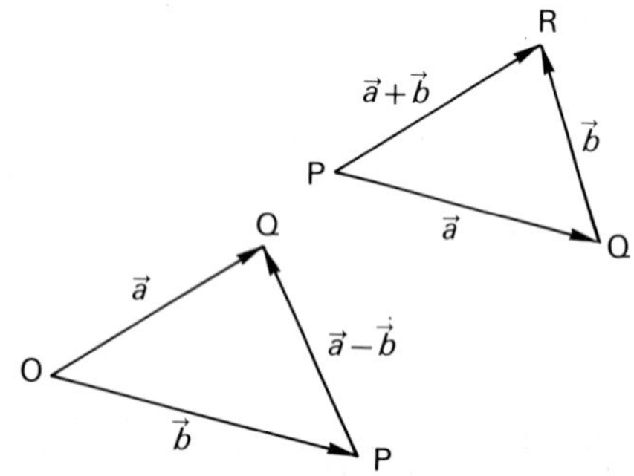

Weitere Eigenschaften:

$\overrightarrow{PQ} = \vec{o} \Leftrightarrow P = Q$; $\overrightarrow{PQ} = -\overrightarrow{QP}$; $\overrightarrow{PQ} = \overrightarrow{OQ} - \overrightarrow{OP}$

Die Dimension eines affinen Punktraumes ist gleich der Dimension des zugehörigen Vektorraumes.
Gerade: Eindimensionaler affiner Punktraum
Ebene: Zweidimensionaler affiner Punktraum

Ortsvektor des Punktes X bei festem Ursprung O (Origo): $\overrightarrow{OX}$
(Eineindeutige Zuordnung zwischen Ortsvektoren und Punkten).

Mittelpunkt M einer Strecke $\overline{AB}$:

$$\overrightarrow{OM} = \tfrac{1}{2}\,(\overrightarrow{OA} + \overrightarrow{OB})$$

Schwerpunkt S eines Dreiecks ABC:

$$\overrightarrow{OS} = \tfrac{1}{3}\,(\overrightarrow{OA} + \overrightarrow{OB} + \overrightarrow{OC})$$

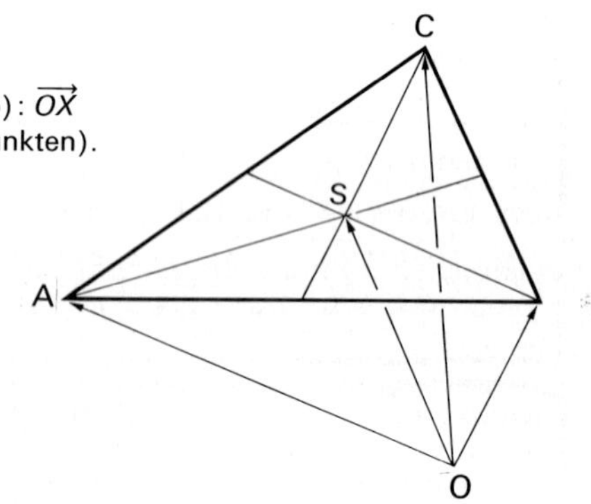

Teilverhältnis siehe Seite 26

Koordinaten: Ein als Ursprung gewählter Punkt O und eine Basis $(\vec{a}_1, \vec{a}_2, \ldots, \vec{a}_n)$ bilden ein affines Koordinatensystem $(O; \vec{a}_1, \vec{a}_2, \ldots, \vec{a}_n)$. Die Koordinaten des Ortsvektors $\overrightarrow{OX}$ sind dann die Koordinaten des Punktes X.
Im dreidimensionalen Raum gilt:

Der Vektor $\overrightarrow{OX} = \begin{pmatrix} x_1 \\ x_2 \\ x_3 \end{pmatrix}$ hat, von O aus abgetragen, als Spitze $X(x_1, x_2, x_3)$. Die Punkte $X(x_1, x_2, x_3)$ und $Y(y_1, y_2, y_3)$ legen den Vektor $\overrightarrow{XY} = \begin{pmatrix} y_1 - x_1 \\ y_2 - x_2 \\ y_3 - x_3 \end{pmatrix}$ fest.

Der Vektor $\overrightarrow{XY} = \begin{pmatrix} a_1 \\ a_2 \\ a_3 \end{pmatrix}$ hat, von X aus abgetragen, die Spitze $Y(x_1 + a_1, x_2 + a_2, x_3 + a_3)$.

6.3 Euklidische Räume

Skalarprodukt: Je zwei Vektoren $\vec{a}$ und $\vec{b}$ wird eine reelle Zahl $\vec{a}\cdot\vec{b}$ zugeordnet.
Für alle $\vec{a}, \vec{b}, \vec{c} \in V$ und $r \in \mathbb{R}$ gilt:

(1) $\vec{a}\cdot\vec{b} = \vec{b}\cdot\vec{a}$ (*symmetrisch* oder *kommutativ*)
(2) $(\vec{a}+\vec{b})\cdot\vec{c} = \vec{a}\cdot\vec{c} + \vec{b}\cdot\vec{c}$ (*additiv* oder *distributiv*)
(3) $r(\vec{a}\cdot\vec{b}) = (r\vec{a})\cdot\vec{b}$ (*homogen* oder *gemischt assoziativ*)
(4) $\vec{a}\cdot\vec{a} > 0$ für $\vec{a} \neq \vec{o}$ (*positiv definit*)

Euklidischer Vektorraum: Vektorraum, in dem zusätzlich ein Skalarprodukt ausgezeichnet ist.

Betrag: (Norm) des Vektors $\vec{a}$: $|\vec{a}| := \sqrt{\vec{a}\cdot\vec{a}}$

Winkel α zwischen zwei Vektoren $\vec{a}$ *und* $\vec{b}$: $\cos\alpha = \dfrac{\vec{a}\cdot\vec{b}}{|\vec{a}||\vec{b}|}$ $(\alpha \in [0; \pi];\ \vec{a}, \vec{b} \neq \vec{o})$

Einheitsvektor (normierter Vektor): Vektor mit Betrag 1; $\vec{a}^0 = \dfrac{\vec{a}}{|\vec{a}|}$

Orthogonalität: $\vec{a}$ und $\vec{b}$ heißen *orthogonal* zueinander ($\vec{a}\perp\vec{b}$), *wenn* $\vec{a}\cdot\vec{b} = 0$ ist.

Orthonormalbasis: Jeder Basisvektor ist ein Einheitsvektor und je zwei verschiedene Basisvektoren sind orthogonal zueinander.
Die Vektoren $\vec{a}$ und $\vec{b}$ haben bezüglich einer Orthonormalbasis die Koordinaten $a_1, \dots, a_n$ bzw. $b_1, \dots, b_n$:

$\vec{a}\cdot\vec{b} = a_1 b_1 + \dots + a_n b_n$ *Skalarprodukt* bei Orthonormalbasis
$|\vec{a}| = \sqrt{a_1^2 + \dots + a_n^2}$ *Betrag* bei Orthonormalbasis

Euklidischer Punktraum: Affiner Punktraum mit euklidischem Vektorraum

Kartesisches Koordinatensystem: $(O;\ \vec{e}_1, \dots, \vec{e}_n)$, wobei $(\vec{e}_1, \dots, \vec{e}_n)$ eine Orthonormalbasis ist.
$A(a_1|a_2|a_3)$ und $B(b_1|b_2|b_3)$ sind Punkte im dreidimensionalen euklidischen Raum mit kartesischem Koordinatensystem:

Abstand zweier Punkte: $d(A, B) = |\overrightarrow{AB}| = \sqrt{(b_1-a_1)^2 + (b_2-a_2)^2 + (b_3-a_3)^2}$

Winkel zwischen zwei Halbgeraden:

$$\cos\alpha = \frac{\overrightarrow{OA}\cdot\overrightarrow{OB}}{|\overrightarrow{OA}||\overrightarrow{OB}|} = \frac{a_1 b_1 + a_2 b_2 + a_3 b_3}{\sqrt{a_1^2+a_2^2+a_3^2}\sqrt{b_1^2+b_2^2+b_3^2}}$$

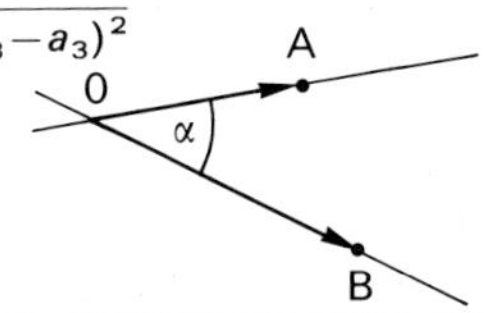

Kreuzprodukt (auch *vektorielles Produkt*)
nur im dreidimensionalen euklidischen Raum V:
Je zwei Vektoren $\vec{a}$ *und* $\vec{b}$ wird ein Vektor $\vec{a}\times\vec{b}$ *zugeordnet.*
Für alle $\vec{a}, \vec{b}, \vec{c} \in V$ und $r \in \mathbb{R}$ gilt:

(1) $\vec{a}\times\vec{b} = -\vec{b}\times\vec{a}$ (*antisymmetrisch*)
(2) $(\vec{a}+\vec{b})\times\vec{c} = \vec{a}\times\vec{c} + \vec{b}\times\vec{c}$ (*additiv*)
(3) $(r\vec{a})\times\vec{b} = r(\vec{a}\times\vec{b})$ (*homogen*)
(4) $\vec{e}_1\times\vec{e}_2 = \vec{e}_3,\ \vec{e}_2\times\vec{e}_3 = \vec{e}_1,\ \vec{e}_3\times\vec{e}_1 = \vec{e}_2$
$(\vec{e}_1, \vec{e}_2, \vec{e}_3)$ Orthonormalbasis

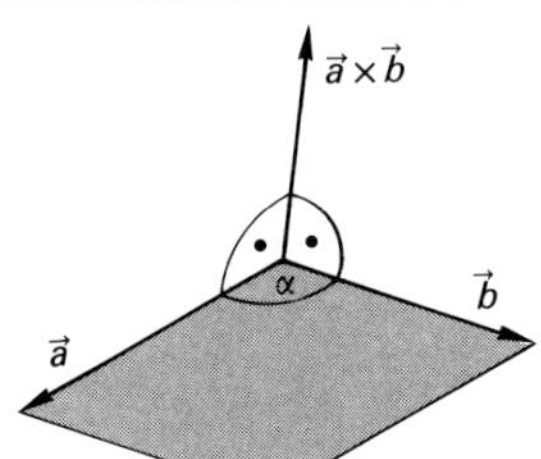

Eigenschaften: $\vec{a} = a_1\vec{e}_1 + a_2\vec{e}_2 + a_3\vec{e}_3,\ \vec{b} = b_1\vec{e}_1 + b_2\vec{e}_2 + b_3\vec{e}_3$

a) $\vec{a}\times\vec{b} = \begin{vmatrix} a_2 & b_2 \\ a_3 & b_3 \end{vmatrix}\vec{e}_1 + \begin{vmatrix} a_3 & b_3 \\ a_1 & b_1 \end{vmatrix}\vec{e}_2 + \begin{vmatrix} a_1 & b_1 \\ a_2 & b_2 \end{vmatrix}\vec{e}_3$

b) $\vec{a}\times\vec{b}\perp\vec{a}$ und $\vec{a}\times\vec{b}\perp\vec{b}$

c) Bilden $\vec{e}_1, \vec{e}_2, \vec{e}_3$ ein *Rechtssystem,* so auch $\vec{a}, \vec{b}, \vec{a}\times\vec{b}$.

d) $|\vec{a}\times\vec{b}| = |\vec{a}||\vec{b}||\sin\alpha|$; Inhalt des von $\vec{a}, \vec{b}$ aufgespannten *Parallelogramms.*

e) $(\vec{a}\times\vec{b})\cdot\vec{c} = \det(\vec{a}, \vec{b}, \vec{c})$; orientiertes Volumen des von $\vec{a}, \vec{b}, \vec{c}$ aufgespannten *Spates*
($\det(\vec{a}, \vec{b}, \vec{c})$ vgl. Seite 13).

6.4 Geraden in der Ebene

6.4.1 Vektorielle Darstellungen

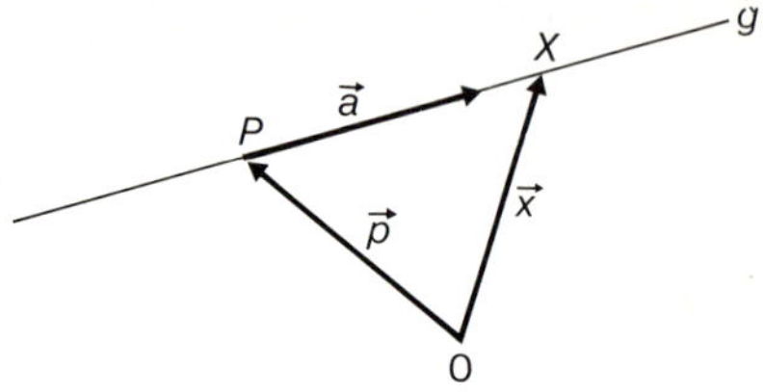

Punkt-Richtungs-Darstellung:

$g\colon\ \vec{x}=\vec{p}+\lambda\vec{a};\ \lambda\in\mathbb{R},\ \vec{a}\neq\vec{o}$

$\vec{a}$ *Richtungsvektor* der Geraden g
$\vec{p}$ Ortsvektor zu einem Punkt P der Geraden

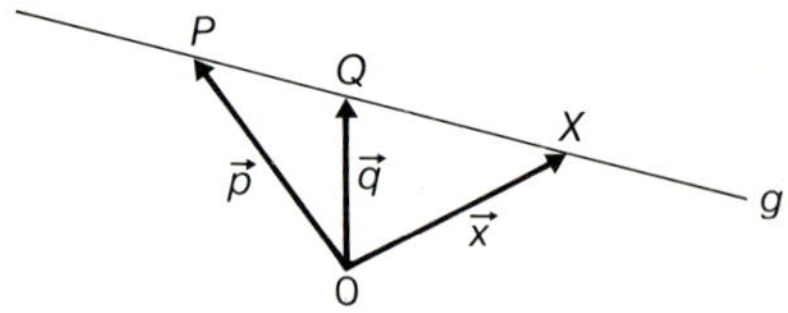

Zwei-Punkte-Darstellung:

$g\colon \vec{x}=\vec{p}+\lambda(\vec{q}-\vec{p});\ \lambda\in\mathbb{R},\ \vec{p}\neq\vec{q}$

Darstellung mit Spaltenvektoren (*Parameterdarstellung*)
Die Gerade durch die Punkte $P(p_1|p_2)$ und $Q(q_1|q_2)$ hat die Gleichung

$$\begin{pmatrix}x\\y\end{pmatrix}=\begin{pmatrix}p_1\\p_2\end{pmatrix}+\lambda\begin{pmatrix}q_1-p_1\\q_2-p_2\end{pmatrix}.$$

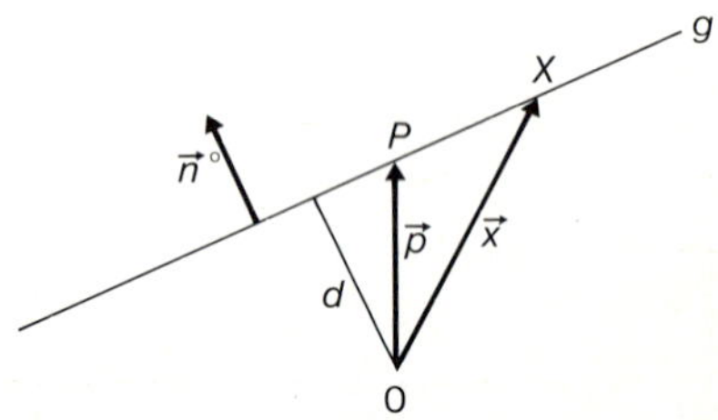

Normalform:

$g\colon \vec{n}\cdot(\vec{x}-\vec{p})=0$ mit $\vec{n}\perp g$ ($\vec{n}$ Normalenvektor)

Hessesche Normalform:

$g\colon \vec{n}^{\,0}\cdot(\vec{x}-\vec{p})=0$ *bzw.* $\vec{n}^{\,0}\cdot\vec{x}-d=0$ mit $|\vec{n}^{\,0}|=1$ und $\vec{n}^{\,0}\perp g$

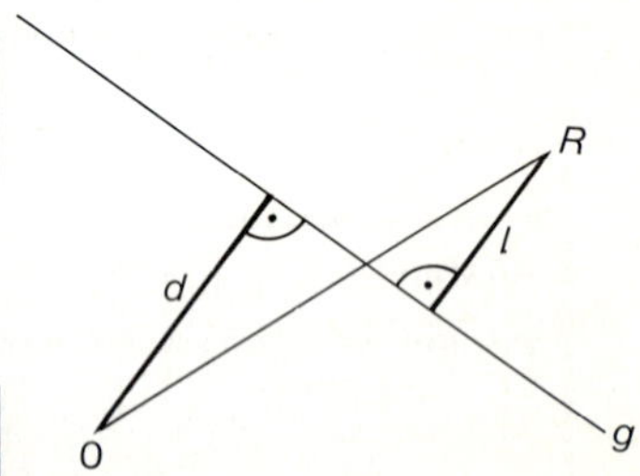

Richtung von $\vec{n}^{\,0}$: Trägt man $\vec{n}^{\,0}$ von einem Geradenpunkt aus ab, so liegen seine Spitze und O in verschiedenen Halbebenen. d ist der *Abstand* von O zu g.

Abstand l eines Punktes R von g:

$l=|\vec{n}^{\,0}\cdot\vec{r}-d|$ mit $\vec{r}=\overrightarrow{OR}$

Ist $\vec{n}^{\,0}\cdot\vec{r}-d>0$, dann liegen R und O auf verschiedenen Seiten von g.
Ist $\vec{n}^{\,0}\cdot\vec{r}-d<0$, dann liegen R und O auf der gleichen Seite von g.

Parallel: Zwei Geraden sind *parallel*, wenn ihre Richtungsvektoren bzw. Normalenvektoren linear abhängig sind.

Senkrecht: Zwei Geraden stehen *senkrecht* aufeinander, wenn ihre Richtungsvektoren bzw. Normalenvektoren orthogonal sind.

Winkel zwischen zwei Geraden mit den Richtungsvektoren $\vec{a}$ und $\vec{b}$ bzw. den Normalenvektoren $\vec{n}_1$ und $\vec{n}_2$:

$$\cos\alpha=\left|\frac{\vec{a}\cdot\vec{b}}{|\vec{a}||\vec{b}|}\right|=\left|\frac{\vec{n}_1\cdot\vec{n}_2}{|\vec{n}_1||\vec{n}_2|}\right|$$

Winkelhalbierende der Geraden $g_1\colon \vec{n}_1^{\,0}\cdot\vec{x}-d_1=0$ und $g_2\colon \vec{n}_2^{\,0}\cdot\vec{x}-d_2=0$ sind
$w_1\colon (\vec{n}_1^{\,0}+\vec{n}_2^{\,0})\cdot\vec{x}-(d_1+d_2)=0$ und $w_2\colon (\vec{n}_1^{\,0}-\vec{n}_2^{\,0})\cdot\vec{x}-(d_1-d_2)=0$

6.4.2 Koordinatendarstellungen

Zwei-Punkte-Darstellung, Punktrichtungsdarstellung usw. siehe Seite 29

Normalform: $ax+by=c$ (mindestens a oder b ungleich 0)

Hessesche Normalform: $\frac{ax}{N}+\frac{by}{N}-\frac{c}{N}=0$ mit $N=\pm\sqrt{a^2+b^2}$

bzw. $x\cos\beta+y\sin\beta-d=0$

Das Vorzeichen ist so zu wählen, dass $\frac{c}{N}\geqq 0$ bzw. $d\geqq 0$ ist.

$\frac{c}{N}$ bzw. d ist der Abstand von O zu g.

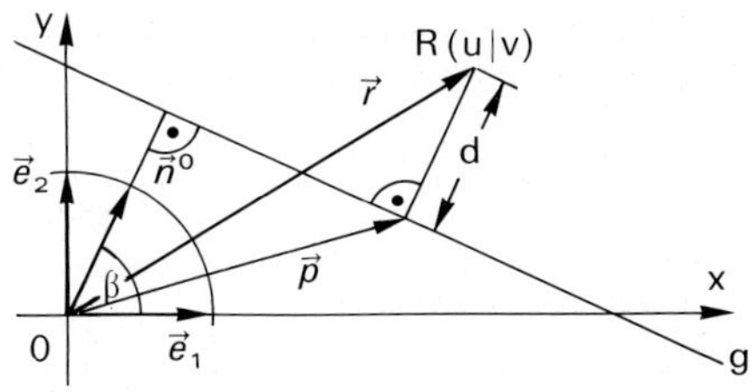

Abstand l eines Punktes $R(u|v)$ von g:

$$l=\left|\frac{au}{N}+\frac{bv}{N}-\frac{c}{N}\right|$$

Winkelhalbierende zweier Geraden g_1: $\frac{a_1x}{N_1}+\frac{b_1y}{N_1}-\frac{c_1}{N_1}=0$ und g_2: $\frac{a_2x}{N_2}+\frac{b_2y}{N_2}-\frac{c_2}{N_2}=0$ sind:

$$w_1:\ \left(\frac{a_1}{N_1}+\frac{a_2}{N_2}\right)x+\left(\frac{b_1}{N_1}+\frac{b_2}{N_2}\right)y-\left(\frac{c_1}{N_1}+\frac{c_2}{N_2}\right)=0$$

$$w_2:\ \left(\frac{a_1}{N_1}-\frac{a_2}{N_2}\right)x+\left(\frac{b_1}{N_1}-\frac{b_2}{N_2}\right)y-\left(\frac{c_1}{N_1}-\frac{c_2}{N_2}\right)=0$$

6.5 Geraden und Ebenen im Raum

6.5.1 Gerade g

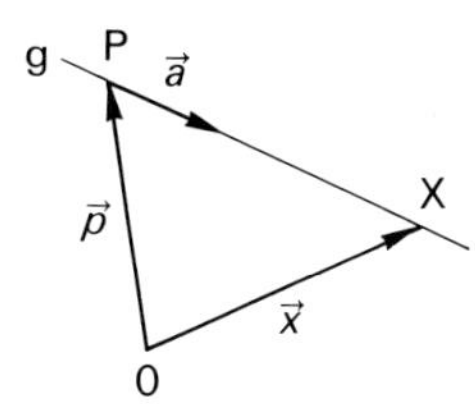

Punkt-Richtungs-Darstellung:

g: $\vec{x}=\vec{p}+\lambda\vec{a}$; $\lambda\in\mathbb{R}$, $\vec{a}\neq\vec{o}$

$\vec{a}$ Richtungsvektor der Geraden g
$\vec{p}$ Ortsvektor zu einem Punkt P der Geraden

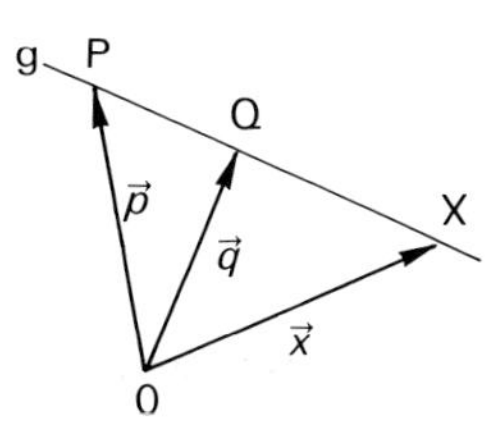

Zwei-Punkte-Darstellung:

g: $\vec{x}=\vec{p}+\lambda(\vec{q}-\vec{p})$; $\lambda\in\mathbb{R}$, $\vec{p}\neq\vec{q}$

Parallel: Zwei Geraden sind *parallel*, wenn ihre Richtungsvektoren linear abhängig sind.

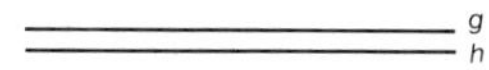

Schnittpunkt: Zwei Geraden $g\colon \vec{x}=\vec{p}+\lambda\vec{a}$ und $h\colon \vec{x}=\vec{q}+\mu\vec{b}$ haben genau einen Schnittpunkt, wenn $\vec{a}$ und $\vec{b}$ linear unabhängig und $\vec{a}$, $\vec{b}$, $\vec{q}-\vec{p}$ linear abhängig sind.

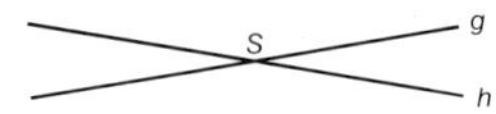

Windschief (nicht parallel und kein Schnittpunkt): Zwei Geraden $g\colon\ \vec{x}=\vec{p}+\lambda\vec{a}$ und $h\colon\ \vec{x}=\vec{q}+\mu\vec{b}$ sind *windschief*, wenn $\vec{a}$, $\vec{b}$, $\vec{q}-\vec{p}$ linear unabhängig sind.

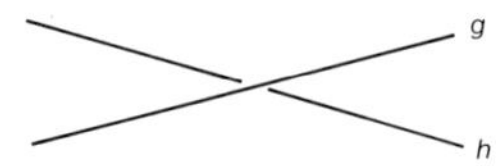

Abstand l von g und h:

$l=|(\vec{p}-\vec{q})\cdot\vec{n}^0|$

mit $\vec{n}^0\perp\vec{a}$, $\vec{n}^0\perp\vec{b}$ und $|\vec{n}^0|=1$.

6.5.2 Ebene E – vektorielle Darstellungen –

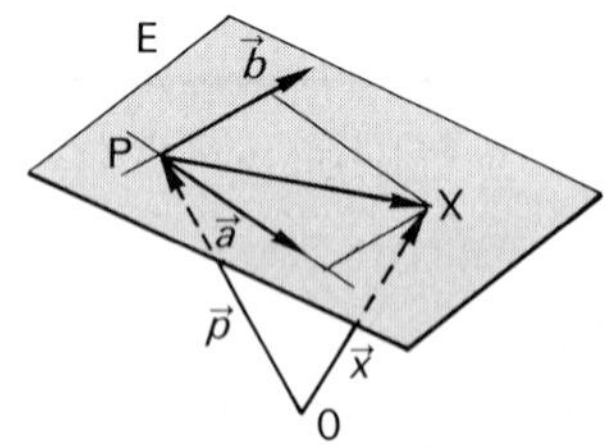

Punkt-Richtungs-Darstellung:

$E\colon \vec{x}=\vec{p}+\lambda\vec{a}+\mu\vec{b};\ \lambda,\mu\in\mathbb{R};$
$\vec{a}$, $\vec{b}$ linear unabhängig

$\vec{a}$, $\vec{b}$ Richtungsvektoren der Ebene E
$\vec{p}$ Ortsvektor zu einem Punkt P der Ebene

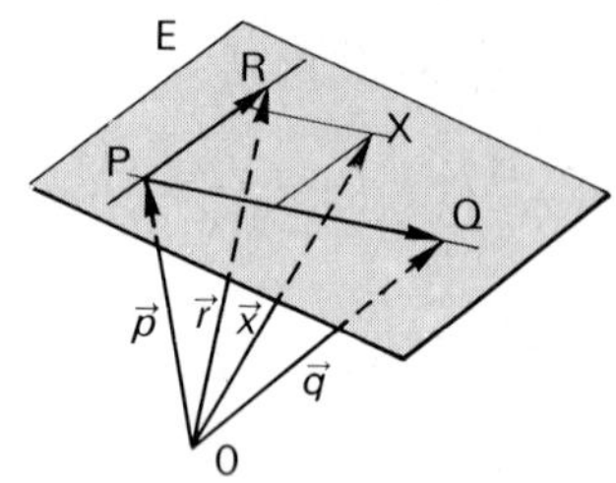

Drei-Punkte-Darstellung:

$E\colon \vec{x}=\vec{p}+\lambda(\vec{q}-\vec{p})+\mu(\vec{r}-\vec{p});\ \lambda,\mu\in\mathbb{R}$
$\vec{q}-\vec{p}$, $\vec{r}-\vec{p}$ linear unabhängig

Normalform:

$E\colon \vec{n}\cdot(\vec{x}-\vec{p})=0$ mit $\vec{n}\perp E$ ($\vec{n}$ Normalenvektor)

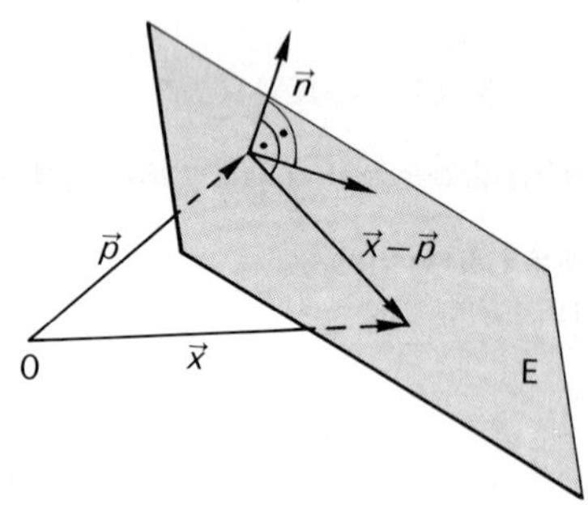

Hessesche Normalform:

$E\colon \vec{n}^0\cdot(\vec{x}-\vec{p})=0$ bzw. $\vec{n}^0\cdot\vec{x}-d=0$ mit $|\vec{n}^0|=1$ und $\vec{n}^0\perp E$

Richtung von $\vec{n}^0$: Trägt man $\vec{n}^0$ von einem Ebenenpunkt aus ab, so liegen seine Spitze und O auf verschiedenen Seiten von E. d ist der Abstand von O zu E.

Abstand l eines Punktes R von E:

$l=|\vec{n}^0\cdot\vec{r}-d|$ mit $\vec{r}=\overrightarrow{OR}$

Ist $\vec{n}^0\cdot\vec{r}-d>0$, dann liegen R und O auf verschiedenen Seiten von E.
Ist $\vec{n}^0\cdot\vec{r}-d<0$, dann liegen R und O auf der gleichen Seite von E.

Parallel: Zwei Ebenen sind *parallel*, wenn ihre Normalenvektoren linear abhängig sind bzw. wenn die Richtungsvektoren der einen Ebene Linearkombinationen der Richtungsvektoren der anderen Ebene sind.

Senkrecht: Zwei Ebenen stehen *senkrecht* aufeinander, wenn ihre Normalenvektoren orthogonal zueinander sind.

Winkel zwischen zwei Ebenen mit den Normalenvektoren $\vec{n}_1$ und $\vec{n}_2$:

$$\cos\alpha = \left|\frac{\vec{n}_1 \cdot \vec{n}_2}{|\vec{n}_1| \cdot |\vec{n}_2|}\right| = |\vec{n}_1^0 \cdot \vec{n}_2^0|$$

Winkelhalbierende der Ebenen $E_1: \vec{n}_1^0 \cdot \vec{x} - d_1 = 0$ und $E_2: \vec{n}_2^0 \cdot \vec{x} - d_2 = 0$ sind

w_1: $(\vec{n}_1^0 + \vec{n}_2^0) \cdot \vec{x} - (d_1 + d_2) = 0$ und w_2: $(n_1^0 - n_2^0) \cdot \vec{x} - (d_1 - d_2) = 0$

6.5.3 Ebene E – Koordinatendarstellungen –

Normalform: $ax + by + cz = e$ (mindestens a oder b oder c ungleich 0)

Hessesche Normalform: $\frac{ax}{N} + \frac{by}{N} + \frac{cz}{N} - \frac{e}{N} = 0$ mit $N = \pm\sqrt{a^2 + b^2 + c^2}$

Das Vorzeichen ist so zu wählen, dass $\frac{e}{N} \geqq 0$ ist. Dann ist $\frac{e}{N}$ der Abstand von O zu E.

Abstand l eines Punkes $R(u|v|w)$ von E: $l = \left|\frac{au}{N} + \frac{bv}{N} + \frac{cw}{N} - \frac{e}{N}\right|$

Winkelhalbierende zweier Ebenen

E_1: $\frac{a_1 x}{N_1} + \frac{b_1 y}{N_1} + \frac{c_1 z}{N_1} - \frac{e_1}{N_1} = 0$ und E_2: $\frac{a_2 x}{N_2} + \frac{b_2 y}{N_2} + \frac{c_2 z}{N_2} - \frac{e_2}{N_2} = 0$ sind:

$$w_1: \left(\frac{a_1}{N_1} + \frac{a_2}{N_2}\right)x + \left(\frac{b_1}{N_1} + \frac{b_2}{N_2}\right)y + \left(\frac{c_1}{N_1} + \frac{c_2}{N_2}\right)z - \left(\frac{e_1}{N_1} + \frac{e_2}{N_2}\right) = 0$$

$$w_2: \left(\frac{a_1}{N_1} - \frac{a_2}{N_2}\right)x + \left(\frac{b_1}{N_1} - \frac{b_2}{N_2}\right)y + \left(\frac{c_1}{N_1} - \frac{c_2}{N_2}\right)z - \left(\frac{e_1}{N_1} - \frac{e_2}{N_2}\right) = 0$$

6.6 Kreis und Kugel

Kreis siehe auch Seite 25, Kugel siehe auch Seite 30.

6.6.1 Kreis in der Ebene – vektorielle Darstellung –

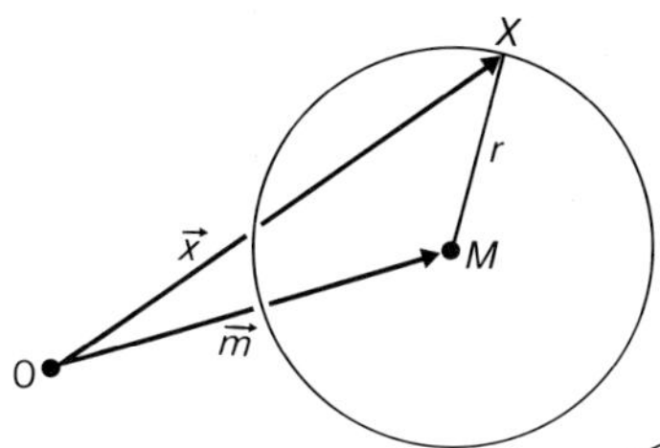

Kreisgleichung:

$k: (\vec{x} - \vec{m})^2 = r^2$

$\vec{m}$ Ortsvektor des Mittelpunktes, r Radius
Sonderfall $M = O$: $\vec{x}^2 = r^2$

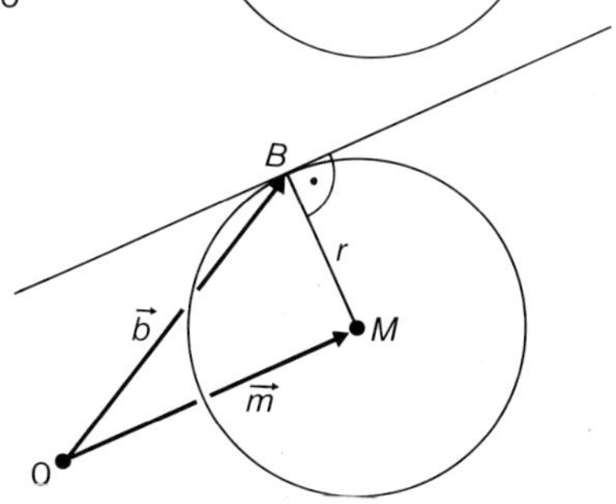

Tangentengleichung (bzw. Polarengleichung):

$(\vec{x} - \vec{m}) \cdot (\vec{b} - \vec{m}) = r^2$

$\vec{m}$ Ortsvektor des Mittelpunktes
$\vec{b}$ Ortsvektor des Berührpunktes (bzw. Pols)
Sonderfall $M = 0$: $\vec{x} \cdot \vec{b} = r^2$

6.6.2 Kreis in der Ebene – Koordinatendarstellung

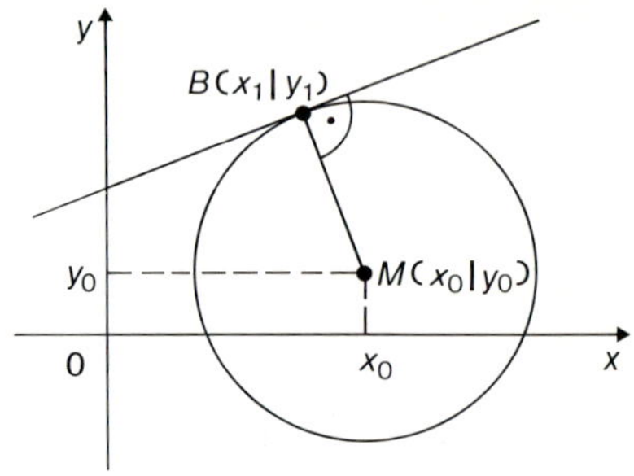

Kreisgleichung:

$k\colon (x-x_0)^2+(y-y_0)^2=r^2$

$M(x_0|y_0)$ Mittelpunkt, r Radius
Sonderfall $M=O$: $x^2+y^2=r^2$

Tangentengleichung (bzw. Polarengleichung):

$(x-x_0)(x_1-x_0)+(y-y_0)(y_1-y_0)=r^2$

$M(x_0|y_0)$ Mittelpunkt, $B(x_1|y_1)$ Berührpunkt (bzw. Pol),
Sonderfall $M=O$: $xx_1+yy_1=r^2$

Tangentenbedingung: $g\colon y=mx+c$ ist genau dann Tangente an den Kreis k, wenn $r^2(m^2+1)=(y_0-mx_0-c)^2$; Sonderfall $M=O$: $r^2(m^2+1)=c^2$

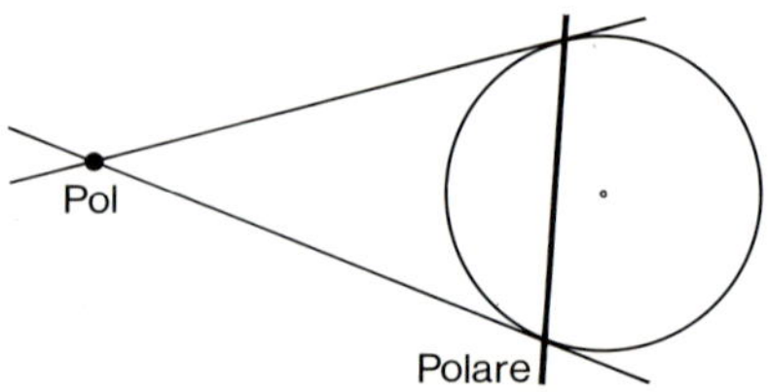

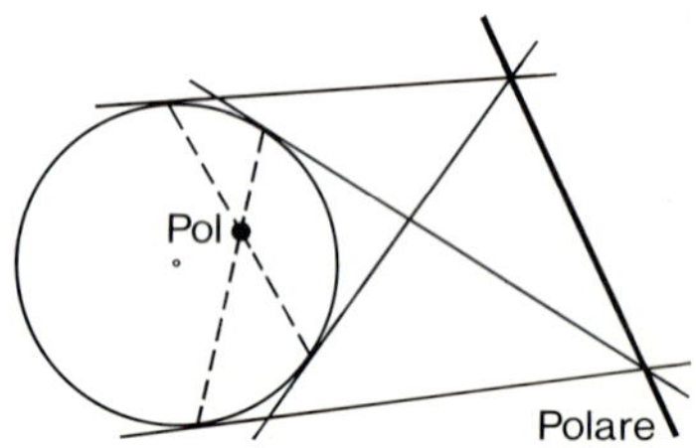

6.6.3 Kugel – vektorielle Darstellung –

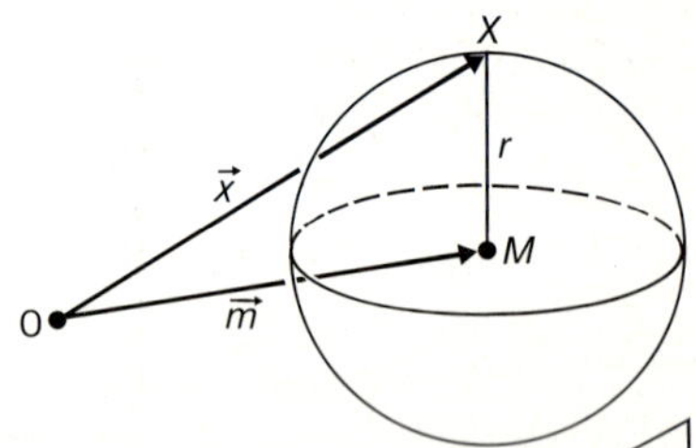

Kugelgleichung:

$(\vec{x}-\vec{m})^2=r^2$

$\vec{m}$ Ortsvektor des Mittelpunktes, r Radius
Sonderfall $M=O$: $\vec{x}^2=r^2$

Gleichung der Tangentialebene:

$(\vec{x}-\vec{m})\cdot(\vec{b}-\vec{m})=r^2$

$\vec{m}$ Ortsvektor des Mittelpunktes
$\vec{b}$ Ortsvektor des Berührpunktes
Sonderfall $M=O$: $\vec{x}\cdot\vec{b}=r^2$

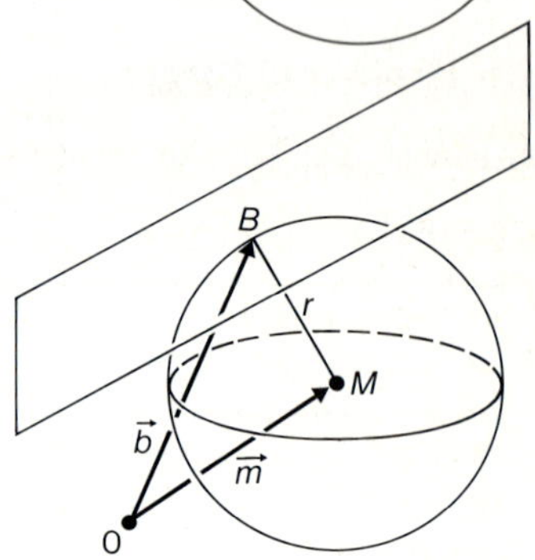

6.6.4 Kugel – Koordinatendarstellung –

Kugelgleichung:

$(x-x_0)^2+(y-y_0)^2+(z-z_0)^2=r^2$

$M(x_0|y_0|z_0)$ Mittelpunkt, r Radius
Sonderfall: $M=O$: $x^2+y^2+z^2=r^2$

Gleichung der Tangentialebene (bzw. Polarebene):

$(x-x_0)(x_1-x_0)+(y-y_0)(y_1-y_0)+(z-z_0)(z_1-z_0)=r^2$

$M(x_0|y_0|z_0)$ Mittelpunkt, $B(x_1|y_1|z_1)$ Berührpunkt (bzw. Pol),
Sonderfall $M=O$: $xx_1+yy_1+zz_1=r^2$

6.7 Lineare Abbildungen, Matrizen, lineare Gleichungssysteme

Lineare Abbildungen: V und W seien Vektorräume. Die Abbildung $f\colon V \to W$ heißt *lineare Abbildung*, wenn für alle $\vec{a}, \vec{b} \in V$ und $r \in \mathbb{R}$ gilt:
(1) $f(\vec{a}+\vec{b}) = f(\vec{a}) + f(\vec{b})$ (*additiv*)
(2) $f(r\vec{a}) = rf(\vec{a})$ (*homogen*)

Rang: Die Wertemenge $f(V)$ ist ein Untervektorraum von W; die Dimension von $f(V)$ heißt *Rang* der linearen Abbildung f (statt $f(V)$ auch Bild f).

Kern: Die Menge K aller Vektoren aus V, die durch f auf den Nullvektor von W abgebildet werden, ist ein Untervektorraum von V, der *Kern* der linearen Abbildung f (Kern f).

Dimensionssatz: $\dim V = \dim(\operatorname{Kern} f) + \dim(f(V))$.

Abbildungsgleichungen linearer Abbildungen f von V in W:

Basis in V: $(\vec{a}_1, \vec{a}_2, \ldots, \vec{a}_n)$
Basis in W: $(\vec{b}_1, \vec{b}_2, \ldots, \vec{b}_m)$
Der Vektor $\vec{x}$ aus V mit

$\vec{x} = x_1 \vec{a}_1 + x_2 \vec{a}_2 + \ldots + x_n \vec{a}_n$

hat als Bild den Vektor $\vec{y}$ aus W mit

$\vec{y} = y_1 \vec{b}_1 + y_2 \vec{b}_2 + \ldots + y_m \vec{b}_m$

Die Basisvektoren aus V haben in W die Bilder:

$f(\vec{a}_1) = a_{11} \vec{b}_1 + \ldots + a_{m1} \vec{b}_m$
$f(\vec{a}_2) = a_{12} \vec{b}_1 + \ldots + a_{m2} \vec{b}_m$
$\vdots$
$f(\vec{a}_n) = a_{1n} \vec{b}_1 + \ldots + a_{mn} \vec{b}_m$

$\vec{y} = f(\vec{x}) = x_1 f(\vec{a}_1) + x_2 f(\vec{a}_2) + \ldots + x_n f(\vec{a}_n)$	Darstellung mit Vektoren
$\begin{pmatrix} y_1 \\ y_2 \\ \vdots \\ y_m \end{pmatrix} = x_1 \cdot \begin{pmatrix} a_{11} \\ a_{21} \\ \vdots \\ a_{m1} \end{pmatrix} + x_2 \cdot \begin{pmatrix} a_{12} \\ a_{22} \\ \vdots \\ a_{m2} \end{pmatrix} + \ldots + x_n \cdot \begin{pmatrix} a_{1n} \\ a_{2n} \\ \vdots \\ a_{mn} \end{pmatrix}$	Darstellung mit Spaltenvektoren
$\begin{array}{lllll} y_1 = & x_1 a_{11} & + x_2 a_{12} & + \ldots + & x_n a_{1n} \\ y_2 = & x_1 a_{21} & + x_2 a_{22} & + \ldots + & x_n a_{2n} \\ \vdots & \vdots & \vdots & & \vdots \\ y_m = & x_1 a_{m1} & + x_2 a_{m2} & + \ldots + & x_n a_{mn} \end{array}$	Darstellung als Gleichungssystem
$f(\vec{x}) = \begin{pmatrix} a_{11} & a_{12} & \ldots & a_{1n} \\ a_{21} & a_{22} & \ldots & a_{2n} \\ \vdots & \vdots & & \vdots \\ a_{m1} & a_{m2} & \ldots & a_{mn} \end{pmatrix} \circ \begin{pmatrix} x_1 \\ x_2 \\ \vdots \\ x_n \end{pmatrix}$	Darstellung mit Matrizen

Sonderfall: $V = W$ und $\dim V = 2$
Basis in V: $(\vec{a}_1, \vec{a}_2)$
Der Vektor $\vec{x}$ mit

$\vec{x} = x_1 \vec{a}_1 + x_2 \vec{a}_2$

hat als Bild den Vektor $\vec{y}$ mit

$\vec{y} = y_1 \vec{a}_1 + y_2 \vec{a}_2$.

Die Basisvektoren haben die Bilder

$f(\vec{a}_1) = a\vec{a}_1 + c\vec{a}_2$
$f(\vec{a}_2) = b\vec{a}_1 + d\vec{a}_2$

$\vec{y} = f(\vec{x}) = x_1 f(\vec{a}_1) + x_2 f(\vec{a}_2)$	Darstellung mit Vektoren
$\begin{pmatrix} y_1 \\ y_2 \end{pmatrix} = x_1 \cdot \begin{pmatrix} a \\ c \end{pmatrix} + x_2 \cdot \begin{pmatrix} b \\ d \end{pmatrix}$	Darstellung mit Spaltenvektoren
$y_1 = x_1 a + x_2 b$ $y_2 = x_1 c + x_2 d$	Darstellung als Gleichungssystem
$f(\vec{x}) = \begin{pmatrix} a & b \\ c & d \end{pmatrix} \circ \begin{pmatrix} x_1 \\ x_2 \end{pmatrix}$	Darstellung mit Matrizen

Eigenvektor, Eigenwert: Der Vektor $\vec{u} \in V$ $(\vec{u} \neq \vec{o})$ heißt *Eigenvektor* der linearen Abbildung $f\colon V \to V$ mit dem *Eigenwert* $\lambda \in \mathbb{R}$, wenn $f(\vec{u}) = \lambda \vec{u}$ gilt.

Charakteristische Gleichung: $\lambda^2 - (a+d)\,\lambda + ad - bc = 0$, folgt aus $\begin{vmatrix} a-\lambda & b \\ c & d-\lambda \end{vmatrix} = 0$.

Isometrie: Die lineare Vektorabbildung $f\colon V \to W$ heißt *isometrisch*, wenn für alle $\vec{a}, \vec{b} \in V$ gilt: $\vec{a} \cdot \vec{b} = f(\vec{a}) \cdot f(\vec{b})$ (Invarianz des Skalarprodukts)

Matrizen

$$A=(a_{ik})=\begin{pmatrix} a_{11} & a_{12}\dots a_{1n} \\ a_{21} & a_{22}\dots a_{2n} \\ \vdots & \vdots \\ a_{m1} & a_{m2}\dots a_{mn}\end{pmatrix}$$

Eine Anordnung von $n \cdot m$ Zahlen in n Spalten und m Zeilen heißt **Matrix.** a_{ik} ist die Zahl in der i-ten *Zeile* und k-ten *Spalte* (Beachte: Erster Index kennzeichnet die Zeile, zweiter die Spalte).
„Quadratische Matrix" bei $n=m$.

Matrizenmultiplikation

Beachte: $c_{ik}=$
1. Zahl der i-ten Zeile
mal
1. Zahl der k-ten Spalte
plus
2. Zahl der i-ten Zeile
mal
2. Zahl der k-ten Spalte
usw.

$$\underbrace{\begin{pmatrix} \vdots & \\ a_{i1}\dots a_{in} \\ \vdots & \\ a_{m1} & \end{pmatrix}\circ\begin{pmatrix} \dots b_{1k}\dots b_{1r} \\ b_{2k} \\ \vdots \\ b_{nk}\end{pmatrix}}_{A\circ B}=\underbrace{\begin{pmatrix} \vdots \\ \dots c_{ik}\dots c_{ir} \\ \vdots \\ c_{mk}\end{pmatrix}}_{C}$$

$$c_{ik}=a_{i1}b_{1k}+a_{i2}b_{2k}+\dots+a_{in}b_{nk}$$

A: $m\times n$-Matrix; B: $n\times r$-Matrix $\Rightarrow A\circ B$: $m\times r$-Matrix

$$\begin{pmatrix} a & c \\ b & d\end{pmatrix}\circ\begin{pmatrix} r & u \\ s & v\end{pmatrix}=\begin{pmatrix} ar+cs & au+cv \\ br+ds & bu+dv\end{pmatrix};\quad A\circ\vec{x}=\begin{pmatrix} a_{11} & a_{12} \\ a_{21} & a_{22}\end{pmatrix}\circ\begin{pmatrix} x_1 \\ x_2\end{pmatrix}=\begin{pmatrix} a_{11}x_1+a_{12}x_2 \\ a_{21}x_1+a_{22}x_2\end{pmatrix}$$

Lineare Gleichungssysteme

(Äquivalenzumformungen, Lösen linearer Gleichungssysteme siehe Seite 13f.)

$$\begin{matrix} a_{11}x_1+a_{12}x_2+\dots+a_{1n}x_n=b_1 \\ a_{21}x_1+a_{22}x_2+\dots+a_{2n}x_n=b_2 \\ \vdots \\ a_{m1}x_1+a_{m2}x_2+\dots+a_{mn}x_n=b_m\end{matrix}$$

kurz $(a_{ik})\circ\begin{pmatrix} x_1 \\ x_2 \\ \vdots \\ x_n\end{pmatrix}=\begin{pmatrix} b_1 \\ b_2 \\ \vdots \\ b_m\end{pmatrix}$ oder $A\circ\vec{x}=\vec{b}$

Homogene lineare Gleichungssysteme bei $\vec{b}=\vec{o}$; Lösungsmenge L_h ist ein Vektorraum.

Inhomogene lineare Gleichungssysteme bei $\vec{b}\neq\vec{o}$; die Lösungsmenge L des inhomogenen linearen Gleichungssystemes $A\circ\vec{x}=\vec{b}$ erhält man, indem man zu den Lösungen $\vec{x}_h$ des homogenen linearen Gleichungssystemes $A\circ\vec{x}=\vec{o}$ eine *partikuläre Lösung* $\vec{x}_0$ des inhomogenen Systemes addiert: $L=\{\vec{x}\,|\,\vec{x}=\vec{x}_0+\vec{x}_h,\ \vec{x}_h\in L_h\}$.
Ein inhomogenes lineares Gleichungssystem besitzt genau dann eine eindeutig bestimmte Lösung, wenn das zugehörige homogene System nur die triviale Lösung $\vec{o}$ besitzt.

6.8 Ebene affine Abbildungen

Affine Abbildungen (Affinität): Eine umkehrbare Abbildung α der Ebene E auf E heißt *affine Abbildung* oder *Affinität*, wenn folgende Eigenschaften erfüllt sind:
(1) Das Bild einer Geraden g ist wieder eine Gerade g' (*geradentreu*).
(2) Parallele Geraden haben als Bilder wieder parallele Geraden ($g\parallel h\Rightarrow g'\parallel h'$; *parallelentreu*).
(3) Teilt T die Strecke $\overline{AB}$ im Verhältnis t, so teilt αT die Bildstrecke $\overline{\alpha A\,\alpha B}$ ebenfalls im Verhältnis t ($\overrightarrow{AT}=t\overrightarrow{AB}\Rightarrow\overrightarrow{\alpha A\,\alpha T}=t\overrightarrow{\alpha A\,\alpha B}$; *teilverhältnistreu*)

Man schreibt statt αP auch P'.

Zusammenhang zwischen affiner Punktabbildung und linearer Vektorabbildung:

Es ist $\{\overrightarrow{XY}\,|\,X,\ Y\in E\}$ der zur Ebene E gehörende zweidimensionale Vektorraum V. Zu jeder affinen Abbildung α: $E\to E$ gibt es genau eine umkehrbare lineare Vektorabbildung f: $V\to V$ mit $f(\overrightarrow{XY})=\overrightarrow{\alpha X\alpha Y}$. Eine affine Abbildung $\alpha: E\to E$ ist festgelegt durch eine umkehrbare lineare Vektorabbildung f: $V\to V$ und der Vorgabe eines Punktes P mit seinem Bildpunkt αP.

Abbildungsgleichungen:
$(O;\vec{a}_1,\vec{a}_2)$ Koordinatensystem, $\overrightarrow{O\alpha O}=\vec{p}$; $\overrightarrow{O\alpha X}=\vec{x}'$

$\vec{x}'=f(\vec{x})+\vec{p}$ $\vec{x}'=x_1 f(\vec{a}_1)+x_2 f(\vec{a}_2)+\vec{p}$	Darstellung mit Vektoren
$\begin{pmatrix}x_1'\\x_2'\end{pmatrix}=x_1\begin{pmatrix}a\\c\end{pmatrix}+x_2\begin{pmatrix}b\\d\end{pmatrix}+\begin{pmatrix}p_1\\p_2\end{pmatrix}$	Darstellung mit Spaltenvektoren
$x_1'=x_1 a+x_2 b+p_1$ $x_2'=x_1 c+x_2 d+p_2$	Darstellung als Gleichungssystem
$\vec{x}'=A\circ\vec{x}+\vec{p};\ A=\begin{pmatrix}a & b\\c & d\end{pmatrix}$	Darstellung mit Matrizen

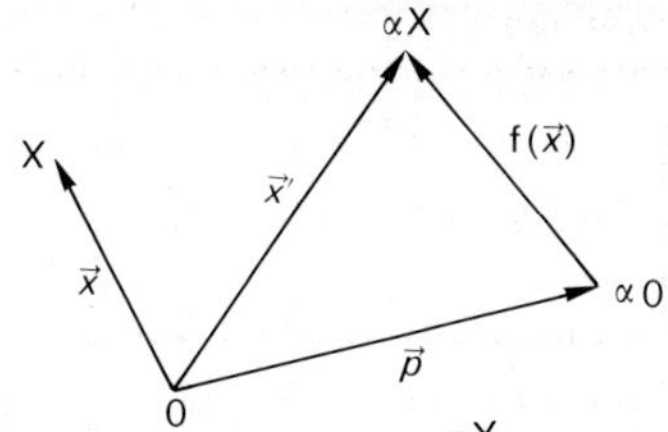

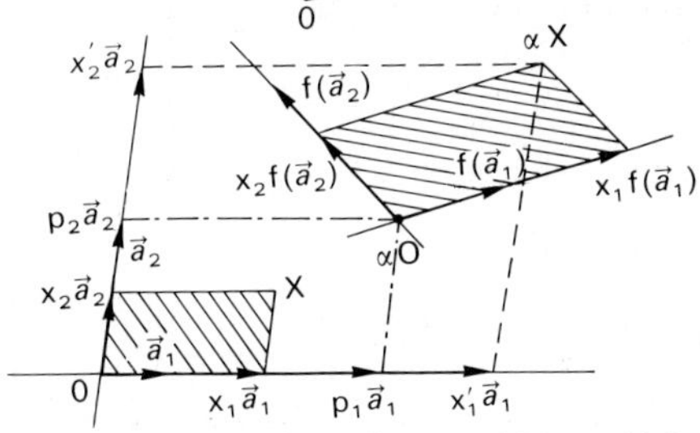

wobei jeweils $D=a\cdot d-b\cdot c\neq 0$

Fixelemente: Definitionen siehe Seite 17
Die Richtungsvektoren von Fixgeraden sind Eigenvektoren der zugehörigen linearen Vektorabbildung. Der Richtungsvektor einer Fixpunktgeraden ist Eigenvektor zum Eigenwert 1.

Umkehrabbildung $\begin{pmatrix}x_1'\\x_2'\end{pmatrix}=\frac{x_1}{D}\begin{pmatrix}d\\-c\end{pmatrix}+\frac{x_2}{D}\begin{pmatrix}-b\\a\end{pmatrix}$ mit $D=ad-bc\neq 0$

Ähnlichkeitsabbildung: Die Affinität α: $E\to E$ heißt *Ähnlichkeitsabbildung*, wenn für alle $P, Q\in E$ gilt: $|\overrightarrow{\alpha P\alpha Q}|=|k|\cdot|\overrightarrow{PQ}|\ (k\neq 0)$.
Abbildungsgleichungen (Darstellung mit Spaltenvektoren):

gleichsinnig $(D>0)$
$$\begin{pmatrix}x_1'\\x_2'\end{pmatrix}=x_1\begin{pmatrix}k\cos\varphi\\k\sin\varphi\end{pmatrix}+x_2\begin{pmatrix}-k\sin\varphi\\k\cos\varphi\end{pmatrix}+\begin{pmatrix}p_1\\p_2\end{pmatrix}$$

gegensinnig $(D<0)$
$$\begin{pmatrix}x_1'\\x_2'\end{pmatrix}=x_1\begin{pmatrix}k\cos\varphi\\k\sin\varphi\end{pmatrix}+x_2\begin{pmatrix}k\sin\varphi\\-k\cos\varphi\end{pmatrix}+\begin{pmatrix}p_1\\p_2\end{pmatrix}$$

Kongruenzabbildung: Eine Affinität α: $E\to E$ heißt *Kongruenzabbildung*, wenn für alle $P, Q\in E$ gilt: $|\overrightarrow{PQ}|=|\overrightarrow{\alpha P\alpha Q}|$. Für drei Punkte P, Q, R gilt stets: $\overrightarrow{PQ}\cdot\overrightarrow{PR}=\overrightarrow{\alpha P\alpha Q}\cdot\overrightarrow{\alpha P\alpha R}$.
Kongruenzabbildungen sind Ähnlichkeitsabbildungen mit $k=\pm 1$.

Klassifikation der Affinitäten nach Fixpunkten und Eigenwerten:
F Fixpunkt, $\overrightarrow{OF}=\vec{f}$; FG Fixgerade; FPG Fixpunktgerade; $(O,\vec{a}_1,\vec{a}_2)$ angepasstes Koordinatensystem
EW Eigenwerte λ_1,λ_2; EV zugehörende Eigenvektoren $\vec{u}_1,\vec{u}_2$

	Eigenschaften	Darstellung im angepassten Koordinatensystem	
	Es gibt mindestens einen Fixpunkt!		
	Es gibt reelle Eigenwerte!		
I	$\lambda_1=\lambda_2=1$ Jeder Vektor ist EV **Identische Abbildung**	Alle Punkte der Ebene sind Fixpunkte.	$\begin{pmatrix}x_1'\\x_2'\end{pmatrix}=x_1\begin{pmatrix}1\\0\end{pmatrix}+x_2\begin{pmatrix}0\\1\end{pmatrix}$
II	$\lambda_1=\lambda_2=1$ $\vec{u}_1,\vec{u}_2$ lin. abhängig **Scherung** *Fixpunktgerade:* a: $\vec{x}=\vec{f}+\mu\vec{u}_1$ *Fixgerade:* Jede Gerade parallel zur FPG	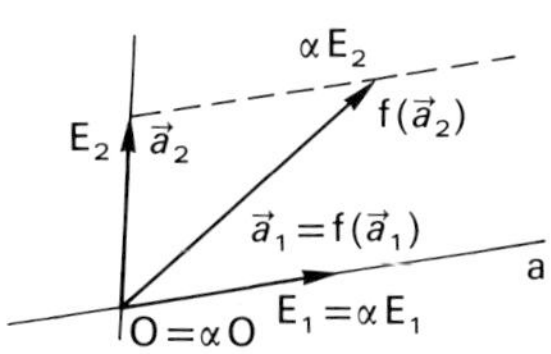	$\vec{a}_1=\vec{u}_1$ $\begin{pmatrix}x_1'\\x_2'\end{pmatrix}=x_1\begin{pmatrix}1\\0\end{pmatrix}+x_2\begin{pmatrix}b\\1\end{pmatrix}$

<table>
<tr><th colspan="2">Eigenschaften</th><th colspan="2">Darstellung im angepassten Koordinatensystem</th></tr>
<tr><td colspan="4">Es gibt mindestens einen Fixpunkt und reelle Eigenwerte!</td></tr>
<tr><td>IIIa</td><td>$\lambda_1=1;\ \lambda_2\neq 1$
Achsenaffinität
(ohne Scherung)
Fixpunktgerade: a
Fixgeraden: FPG und alle Geraden mit Richtungsvektor $\vec u_2$.</td><td>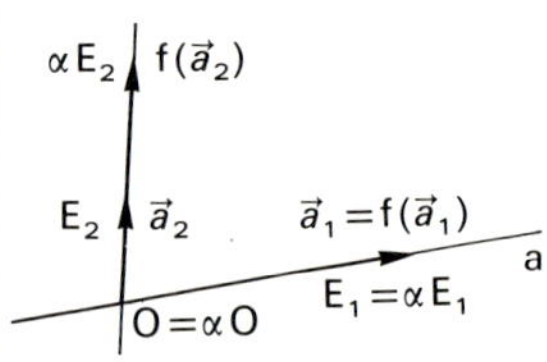</td><td>$\vec a_1=\vec u_1$
$\vec a_2=\vec u_2$
$\begin{pmatrix}x_1'\\x_2'\end{pmatrix}=x_1\begin{pmatrix}1\\0\end{pmatrix}+x_2\begin{pmatrix}0\\\lambda_2\end{pmatrix}$</td></tr>
<tr><td>IIIb</td><td>$\lambda_1=1;\ \lambda_2=-1$
Schrägspiegelung</td><td></td><td>$\begin{pmatrix}x_1'\\x_2'\end{pmatrix}=x_1\begin{pmatrix}1\\0\end{pmatrix}+x_2\begin{pmatrix}0\\-1\end{pmatrix}$</td></tr>
<tr><td>IV</td><td>$\lambda_1\neq 1;\ \lambda_2\neq 1;\ \lambda_1\neq\lambda_2$
Eulersche Affinität
genau ein Fixpunkt F
Fixgeraden:
$g_1\colon\ \vec x=\vec f+\mu\vec u_1$
$g_2\colon\ \vec x=\vec f+\mu\vec u_2$</td><td>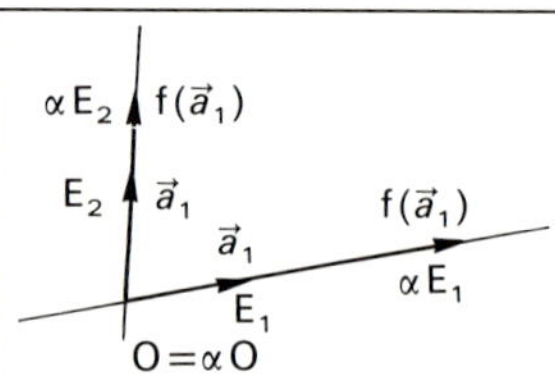</td><td>$\vec a_1=\vec u_1$
$\vec a_2=\vec u_2$
$\begin{pmatrix}x_1'\\x_2'\end{pmatrix}=x_1\begin{pmatrix}\lambda_1\\0\end{pmatrix}+x_2\begin{pmatrix}0\\\lambda_2\end{pmatrix}$</td></tr>
<tr><td>Va</td><td>$\lambda_1=\lambda_2;\ \lambda_1\neq 1$
Jeder Vektor ist EV.
Zentrische Streckung
genau ein Fixpunkt F
Fixgerade: Jede Gerade durch den Fixpunkt.
g' stets parallel zu g.</td><td>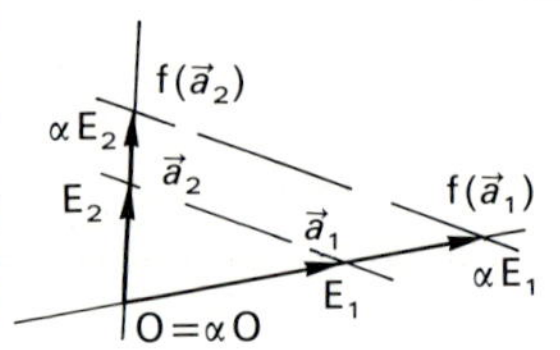</td><td>$\vec a_1,\ \vec a_2$ linear unabhängig, sonst beliebig
$\begin{pmatrix}x_1'\\x_2'\end{pmatrix}=x_1\begin{pmatrix}\lambda\\0\end{pmatrix}+x_2\begin{pmatrix}0\\\lambda\end{pmatrix}$</td></tr>
<tr><td>Vb</td><td>$\lambda_1=\lambda_2=-1$
Punktspiegelung</td><td></td><td>$\begin{pmatrix}x_1'\\x_2'\end{pmatrix}=x_1\begin{pmatrix}-1\\0\end{pmatrix}+x_2\begin{pmatrix}0\\-1\end{pmatrix}$</td></tr>
<tr><td colspan="4">Es gibt mindestens einen Fixpunkt, aber keine reellen Eigenwerte!</td></tr>
<tr><td>VIa</td><td>Drehung
genau ein Fixpunkt F
Längen und Winkel sind invariant:
$|PQ|=|\alpha P\alpha Q|;\ \beta=\beta'$
$(\delta\neq k\cdot\pi;\ k\in\mathbb{Z})$</td><td>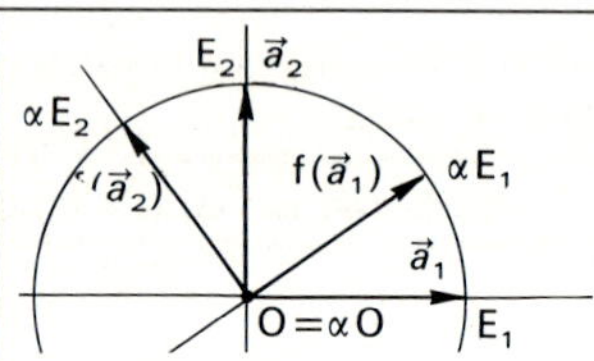</td><td>$\begin{pmatrix}x_1'\\x_2'\end{pmatrix}=x_1\begin{pmatrix}\cos\varphi\\\sin\varphi\end{pmatrix}+x_2\begin{pmatrix}-\sin\varphi\\\cos\varphi\end{pmatrix}$</td></tr>
<tr><td>VIb</td><td colspan="3">Ähnlichkeitsabbildung (siehe Seite 55)</td></tr>
<tr><td colspan="4">Es gibt keinen Fixpunkt! Es gibt dann mindestens einen Eigenwert $\lambda=1$.</td></tr>
<tr><td>I</td><td colspan="3">$\lambda_1=\lambda_2=1$ Jeder Vektor ist Eigenvektor: Verschiebung (Translation)</td></tr>
<tr><td>II</td><td colspan="3">$\lambda_1=\lambda_2=1$ Eigenvektoren $\vec u_1,\ \vec u_2$ immer linear abhängig: Schubscherung</td></tr>
<tr><td>III</td><td colspan="3">$\lambda_1=1;\ \lambda_2\neq 1$ Schubachsenaffinität ($\lambda_1=1;\ \lambda_2=-1$: Schubschrägspiegelung)</td></tr>
</table>

Eine Schubscherung bzw. eine Schubachsenaffinität ist eine Verkettung aus einer Scherung bzw. einer Achsenaffinität mit einer anschließenden Verschiebung. Eine Darstellung im angepassten Koordinatensystem erhält man, wenn man in der angepassten Koordinatendarstellung der Scherung bzw. der Achsenaffinität zur rechten Seite den Schubvektor $\overline{O\alpha O}$ addiert.

6.9 Kegelschnitte – Koordinatendarstellungen –

	Ellipse	Hyperbel
Halbachsen a, b $(a>b)$ *Brennpunkte* F_1, F_2 *Hauptscheitel* S_1, S_2 *Nebenscheitel* S_3, S_4 *lineare Exzentrizität* e	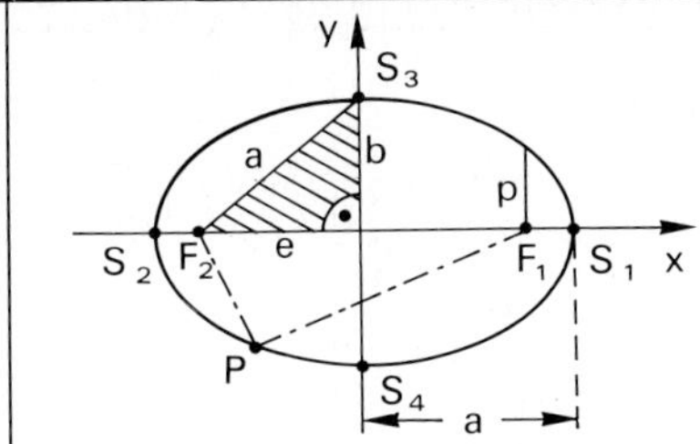	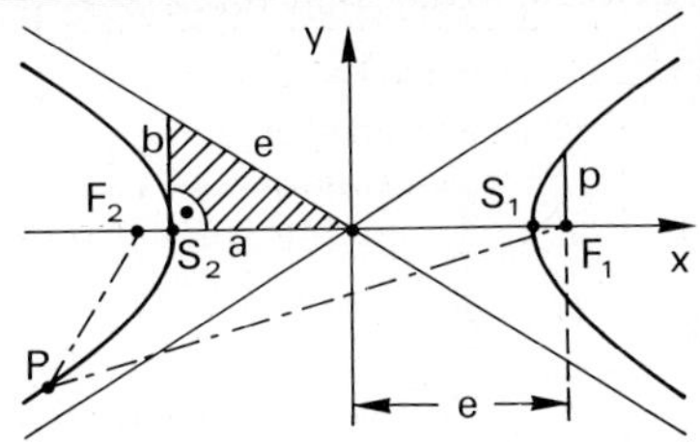
lineare Exzentrizität e	$e=\sqrt{a^2-b^2}$	$e=\sqrt{a^2+b^2}$
numerische Exzentrizität ε	$\varepsilon=\frac{e}{a}=\frac{\sqrt{a^2-b^2}}{a}<1$	$\varepsilon=\frac{e}{a}=\frac{\sqrt{a^2+b^2}}{a}>1$
halbe *Sperrung* p (Parameter)	$p=\frac{b^2}{a}=a(1-\varepsilon^2)$	$p=\frac{b^2}{a}=a(\varepsilon^2-1)$
Abstandsdefinition	$\lvert F_1P\rvert+\lvert F_2P\rvert=2a$	$\lvert\lvert F_1P\rvert-\lvert F_2P\rvert\rvert=2a$
Scheitelkrümmungsradien	$r_a=\frac{b^2}{a}=p, \quad r_b=\frac{a^2}{b}$	$r_a=\frac{b^2}{a}=p$
Konjugierte Richtungen m_1, m_2	$m_1 m_2=-\frac{b^2}{a^2}$	$m_1 m_2=\frac{b^2}{a^2}$
Flächeninhalt	$A=\pi\cdot a\cdot b$	–
Gleichungen Symmetrieachsen sind die Koordinatenachsen	$\frac{x^2}{a^2}+\frac{y^2}{b^2}=1$	$\frac{x^2}{a^2}-\frac{y^2}{b^2}=1$
Tangente (bzw. *Polare,*) P_1 Berührpunkt (bzw. Pol)	$\frac{x_1x}{a^2}+\frac{y_1y}{b^2}=1$	$\frac{x_1x}{a^2}-\frac{y_1y}{b^2}=1$
Tangentenbedingung g: $y=mx+c$	$a^2m^2+b^2=c^2$	$a^2m^2-b^2=c^2$
Asymptotenpaare	keine	$y_{1,2}=\pm\frac{b}{a}x$ bzw. $\frac{x^2}{a^2}-\frac{y^2}{b^2}=0$
Gleichungen Symmetrieachsen parallel zu den Koordinatenachsen	$\frac{(x-x_0)^2}{a^2}+\frac{(y-y_0)^2}{b^2}=1$	$\frac{(x-x_0)^2}{a^2}-\frac{(y-y_0)^2}{b^2}=1$
Tangente (bzw. *Polare*) $P_1(x_1\mid y_1)$ Berührpunkt (bzw. Pol)	$\frac{(x-x_0)(x_1-x_0)}{a^2}+\frac{(y-y_0)(y_1-y_0)}{b^2}=1$	$\frac{(x-x_0)(x_1-x_0)}{a^2}-\frac{(y-y_0)(y_1-y_0)}{b^2}=1$
Tangentenbedingung (g: $y=mx+c$)	$a^2m^2+b^2=(y_0-mx_0-c)^2$	$a^2m^2-b^2=(y_0-mx_0-c)^2$

Ellipse, Hyperbel – Vektordarstellung in Mittelpunktslage –

V sei ein Vektorraum einer affinen Ebene und f: $V\times V\to\mathbb{R}$ eine symmetrische, in beiden vektoriellen Argumenten lineare Funktion. Besitzt die Gleichung $f(\vec{x},\vec{x})=r^2$ $(r\neq 0)$ eine Lösung, dann stellt sie

– eine *Ellipse* dar, falls f ein Skalarprodukt ist,

– eine *Hyperbel* dar, falls es zwei Vektoren $\vec{a}$ und $\vec{b}$ mit $f(\vec{a},\vec{a})\cdot f(\vec{b},\vec{b})<0$ gibt.

Parabel

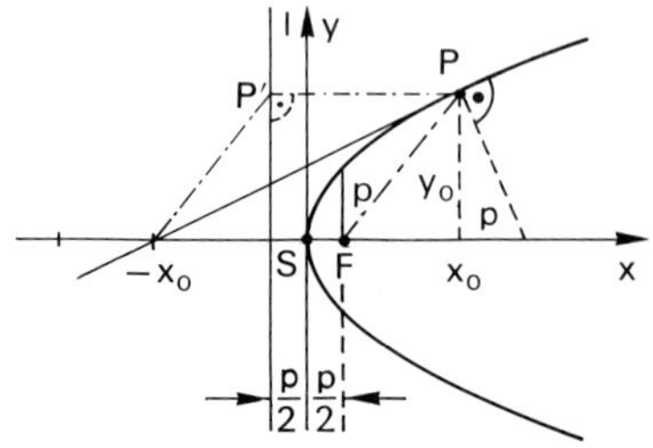

Brennpunkt F, Leitgerade l, Scheitel S, Symmetrieachse *FS*, Parameter *p* (halbe *Sperrung*, Subnormale).

Abstandsdefinition: $|PF| = |PP'|$
Scheitelkrümmungsradius $r_s = p$

> **Gleichung der Parabel:**
> $y^2 = 2px$
> Scheitel $(0|0)$; x-Achse ist Symmetrieachse

Tangentengleichung (bzw. Polarengleichung): $y \cdot y_1 = p(x + x_1)$;
$P(x_1|y_1)$ Berührpunkt (bzw. Pol)

Tangentenbedingung: g: $y = mx + c$ ist genau dann Tangente an die Parabel, wenn $2mc = p$.

Die Parabelsehnen der Steigung m werden halbiert vom Durchmesser d: $y = \frac{p}{m}$ (Parallele zur Symmetrieachse); sie heißen zu diesem Durchmesser *konjugiert*.

> **Gleichung der Parabel:** $(y - y_0)^2 = 2p(x - x_0)$
> Scheitel $(x_0|y_0)$; Symmetrieachse parallel zur x-Achse

Tangentengleichung (bzw. Polarengleichung):
$(y - y_0)(y_1 - y_0) = p(x - x_0 + x_1 - x_0)$; $P_1(x_1|y_1)$ Berührpunkt (bzw. Pol)

Tangentenbedingung: g: $y = mx + c$ ist genau dann Tangente an die Parabel, wenn $p = 2m(-y_0 + mx_0 + c)$

Zusammenhänge zwischen den Kegelschnitten

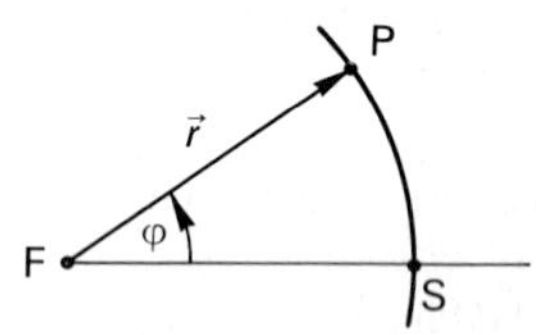

Gemeinsame Scheitelgleichung $y^2 = 2px + (\varepsilon^2 - 1)x^2$
($\varepsilon = 1$ Parabel, $\varepsilon < 1$ Ellipse, $\varepsilon > 1$ Hyperbel).

Gemeinsame Polargleichung $r = \dfrac{p}{1 + \varepsilon \cos \varphi}$

Der Ursprung ist ein Brennpunkt;
der Nullstrahl ($\varphi = 0$) geht durch den dem Pol am nächsten liegenden Scheitel.

Gleichungen zweiten Grades

$$a_{11}u^2 + 2a_{12}uv + a_{22}v^2 + 2a_{13}u + 2a_{23}v + a_{33} = 0 \qquad \Delta = \begin{vmatrix} a_{11} & a_{12} & a_{13} \\ a_{12} & a_{22} & a_{23} \\ a_{13} & a_{23} & a_{33} \end{vmatrix}$$

Drehung $(u|v) \mapsto (x|y)$ um $(0|0)$ mit Drehwinkel α führt bei $\tan 2\alpha = \dfrac{2a_{12}}{a_{11} - a_{22}}$ auf

$Ax^2 + By^2 + Cx + Dy + E = 0$ mit $AB = a_{11}a_{22} - (a_{12})^2$			
	$A \cdot B > 0$	$A \cdot B < 0$	$A \cdot B = 0$
$\Delta \neq 0$	**Ellipse** bei $A \cdot \Delta < 0$ Achsenverh.: $\sqrt{A:B}$ $\emptyset$ bei $A \cdot \Delta > 0$	**Hyperbel,** $m_{\text{Asy.}} = \pm\sqrt{-A:B}$ Hauptachse ist ∥ zu x-Achse bei $A \cdot \Delta > 0$ y-Achse bei $A \cdot \Delta < 0$.	**Parabel** Symmetrieachse ist ∥ zu x-Achse bei $A = 0$ y-Achse bei $B = 0$
$\Delta = 0$	**Punkt**	*sich schneidendes* **Geradenpaar** $m_{1,2} = \pm\sqrt{-A:B}$	*paralleles* **Geradenpaar** (auch zusammenfallend) oder $\emptyset$

7. Stochastik

7.1 Kombinatorik

Die Anzahl der Elemente der endlichen Mengen $A_1, A_2, \ldots, A_n$ sei $|A_1|, |A_2|, \ldots, |A_n|$.

Summenregel: $|A_1 \cup A_2| = |A_1| + |A_2| - |A_1 \cap A_2|$

$|A_1 \cup A_2 \cup A_3| = |A_1| + |A_2| + |A_3| - |A_1 \cap A_2| - |A_2 \cap A_3| - |A_3 \cap A_1| + |A_1 \cap A_2 \cap A_3|$

$|A_1 \cup A_2 \cup \ldots \cup A_n| = |A_1| + |A_2| + \ldots + |A_n|$, falls $A_i \cap A_k = \emptyset$ für alle $i \neq k$

Produktregel: $|A_1 \times A_2 \times \ldots \times A_n| = |A_1| \cdot |A_2| \cdot \ldots \cdot |A_n|$

Urnenmodell: Aus einer Urne mit n Kugeln werden k Kugeln gezogen.	**Alphabet:** n Buchstaben und k Plätze	**Anzahl A**
Ziehen mit Zurücklegen mit Berücksichtigung der Reihenfolge	k-Tupel mit Wiederholung	$A = n^k$ (Variation)
Ziehen ohne Zurücklegen mit Berücksichtigung der Reihenfolge	k-Tupel ohne Wiederholung	$A = \frac{n!}{(n-k)!}$ (Permutation)
Sonderfall: Vollerhebung	n-Tupel ohne Wiederholung	$A = n!$
Ziehen ohne Zurücklegen ohne Berücksichtigung der Reihenfolge	k-elementige Teilmenge	$A = \binom{n}{k} = \frac{n!}{k!(n-k)!}$ (Kombination)
Ziehen mit Zurücklegen ohne Berücksichtigung der Reihenfolge	Anordnung auf k Plätzen mit Wiederholung ohne Berücksichtigung der Reihenfolge	$A = \binom{n-1+k}{n-1}$ (Kombination)

Stirlingsche Näherungsformel:

$n! \approx n^n \cdot e^{-n} \cdot \sqrt{2\pi n}$

Bei $n = 10$ (50) ist der prozentuale Fehler etwa 0,83% (0,17%).

7.2 Ereignisse

Ein Zufallsexperiment habe endlich viele Ergebnisse (Ausgänge) $a_1, a_2, \ldots, a_n$. Die Menge dieser Ergebnisse sei S. (Gesetze der Ereignisalgebra vergleiche Gesetze der Mengenalgebra Seite 5.)

Wahrscheinlichkeitsprache	Symbol	Mengensprache
Ergebnisraum	S (auch Ω)	Grundmenge
Ereignis	A	Teilmenge
Elementarereignis	$\{a_i\}$	einelementige Teilmenge
Ereignisraum	$\mathfrak{P}(S)$	Potenzmenge
sicheres Ereignis, unmögliches Ereignis	$S, \emptyset$	Grundmenge, leere Menge
A oder B	$A \cup B$	Vereinigung
A und B	$A \cap B$	Durchschnitt
Gegenereignis	$\bar{A}$	Komplement
A und B sind unvereinbar	$A \cap B = \phi$	A und B sind elementefremd

7.3 Wahrscheinlichkeit

$S=\{a_1, a_2, \ldots, a_n\}$ sei die endliche Ergebnismenge eines Zufallsexperiments.

Wahrscheinlichkeit von Ergebnissen: Die Funktion $P\colon S \to \mathbb{R}$ mit

(1) $P(a_i) \geq 0$ für alle a_i (2) $\sum_{i=1}^{n} P(a_i) = 1$

heißt *Wahrscheinlichkeitsfunktion* auf S.

$P(a_i)$ ist die Wahrscheinlichkeit des Ergebnisses a_i.

Wahrscheinlichkeit von Ereignissen: Die Funktion $P\colon \mathfrak{P}(S) \to \mathbb{R}$ mit

(1) $P(\{a_i\}) \geq 0$ für alle a_i (2) $\sum_{i=1}^{n} P(\{a_i\}) = 1$ (3) $P(A) = \sum_{a_i \in A} P(\{a_i\})$ (4) $P(\emptyset) = 0$

heißt *Wahrscheinlichkeitsfunktion* auf der Potenzmenge $\mathfrak{P}(S)$.

$P(A)$ ist die Wahrscheinlichkeit des Ereignisses A.

Eigenschaften:

$P(A) \geq 0$ (*Nichtnegativität*)
$P(A \cup B) = P(A) + P(B)$, falls $A \cap B = \emptyset$ (*Additivität*)
$P(S) = 1$ (*Normiertheit*)

Diese drei Eigenschaften (auch *Kolmogoroff-Axiome* genannt) kennzeichnen nach Kolmogoroff eine Wahrscheinlichkeitsfunktion. Die Wahrscheinlichkeiten von Ereignissen sind damit nicht festgelegt.

Weitere Eigenschaften:

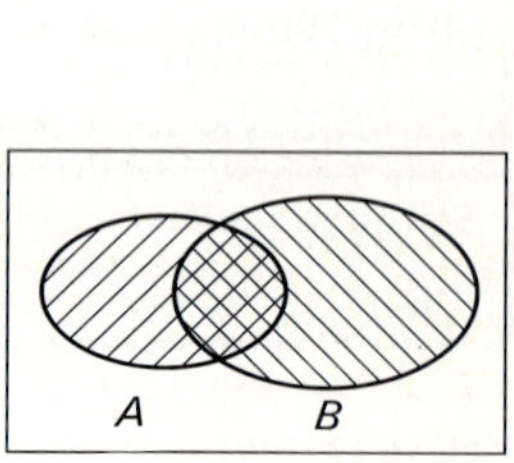

$P(A \cup B) = P(A) + P(B) - P(A \cap B)$ (*allgemeine Additivität*)

$P(A \cup B \cup C) = P(A) + P(B) + P(C) - P(A \cap B) - P(B \cap C) - P(C \cap A) + P(A \cap B \cap C)$

$P(\bar{A}) = 1 - P(A)$ (*Satz vom Gegenereignis*)

$A \subseteq B \Rightarrow P(A) \leqq P(B)$ (*Monotonie*)

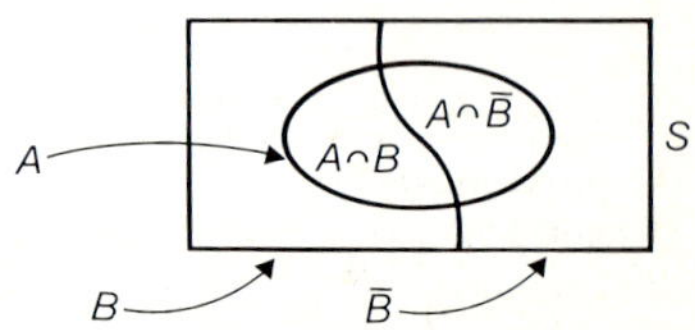

$P(A) = P(A \cap B) + P(A \cap \bar{B})$
(*Wahrscheinlichkeit bei einer Zerlegung*)
$P(A) = P(A \cap B_1) + \ldots + P(A \cap B_n)$,
falls $B_1, \ldots, B_n$ eine Zerlegung von S ist.

Laplace-Experiment: Alle n Ergebnisse haben die gleiche Wahrscheinlichkeit $\frac{1}{n}$ (*Laplace-Wahrscheinlichkeit*).

Wahrscheinlichkeit eines Ereignisses A: $P(A) = \frac{|A|}{|S|} = \frac{|A|}{n}$

Bedingte Wahrscheinlichkeit:

$$P_B(A) = \frac{P(A \cap B)}{P(B)}$$

$P_B(A)$ ist für $P(B) \neq 0$ die Wahrscheinlichkeit von A unter der Bedingung B. (Statt $P_B(A)$ auch $P(A|B)$ üblich)

Multiplikationssatz: $P(A \cap B) = P(A) \cdot P_A(B) = P(B) \cdot P_B(A)$

Unabhängige Ereignisse A und B: $P(A \cap B) = P(A) \cdot P(B)$

Unabhängige Ereignisse A, B, C: $P(A \cap B) = P(A) \cdot P(B)$, $P(A \cap C) = P(A) \cdot P(C)$, $P(B \cap C) = P(B) \cdot P(C)$ und $P(A \cap B \cap C) = P(A) \cdot P(B) \cdot P(C)$

Totale Wahrscheinlichkeit für $B, \bar{B}$: $P(A) = P(B) \cdot P_B(A) + P(\bar{B}) \cdot P_{\bar{B}}(A)$
bzw. für Zerlegung $B_1, \ldots, B_n$ von S: $P(A) = P(B_1) \cdot P_{B_1}(A) + \ldots + P(B_n) \cdot P_{B_n}(A)$

Satz von Bayes für $B, \bar{B}$: $P_A(B) = \dfrac{P(B) \cdot P_B(A)}{P(B) \cdot P_B(A) + P(\bar{B}) \cdot P_{\bar{B}}(A)}$

bzw. für eine Zerlegung $B_1, \ldots, B_n$ von S: $P_A(B_k) = \dfrac{P(B_k) \cdot P_{B_k}(A)}{P(B_1) \cdot P_{B_1}(A) + \ldots + P(B_n) \cdot P_{B_n}(A)}$

Wahrscheinlichkeiten bei einer **Vierfeldertafel:**

	B	$\bar{B}$	
A	$P(A \cap B)$	$P(A \cap \bar{B})$	$P(A)$
$\bar{A}$	$P(\bar{A} \cap B)$	$P(\bar{A} \cap \bar{B})$	$P(\bar{A})$
	$P(B)$	$P(\bar{B})$	1

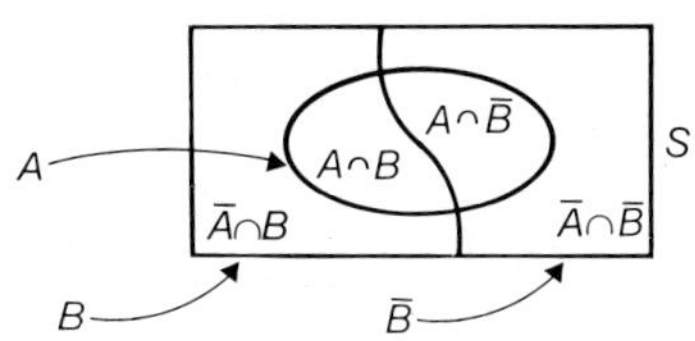

7.4 Verteilungen

Es sei $S = \{a_1, a_2, \ldots, a_n\}$ die Menge aller Ergebnisse eines Zufallsexperimentes, P eine Wahrscheinlichkeitsfunktion auf $\mathfrak{P}(S)$.

Zufallsvariable (Zufallsgröße) ist eine Funktion X: $S \to \mathbb{R}$; Wertemenge $X(S) = \{x_1, x_2, \ldots, x_m\}$
Das Ereignis „$X = x_k$" ist die Teilmenge der Ergebnisse von S, die durch X auf x_k abgebildet werden:
„$X = x_k$" $= \{a | X(a) = x_k$ mit $a \in S\}$

Wahrscheinlichkeitsfunktion
einer Zufallsvariablen X:

f: $\{x_1, \ldots, x_m\} \to \mathbb{R}$
$x_k \mapsto p_k$ mit $p_k = P(X = x_k)$

x_k	x_1	x_2	...	x_m
$P(X = x_k)$	p_1	p_2	...	p_m

Verteilungsfunktion
einer Zufallsvariablen X bei $x_1 < x_2 < \ldots < x_m$:

F: $\mathbb{R} \to \mathbb{R}$ mit

$$x \mapsto \begin{cases} 0 & \text{für } x < x_1 \\ p_1 + p_2 + \ldots + p_k & \text{für } x_k \le x < x_{k+1} \\ 1 & \text{für } x_m \le x \end{cases}$$

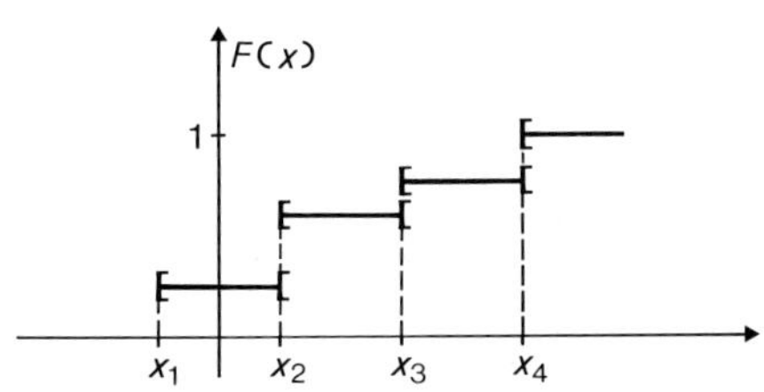

(monoton steigende Treppenfunktion, die bei x_k um p_k springt)

Erwartungswert einer Zufallsvariablen X:
$E(X) = x_1 \cdot p_1 + x_2 \cdot p_2 + \ldots + x_m \cdot p_m$

Statt $E(X)$ auch μ oder μ_x.

Linearität des Erwartungswertes: $E(a \cdot X + b \cdot Y) = a \cdot E(X) + b \cdot E(Y)$
Produktregel, nur für unabhängige X, Y: $E(X \cdot Y) = E(X) \cdot E(Y)$

Varianz einer Zufallsvariablen X:
$\text{Var}(X) = (x_1 - \mu)^2 \cdot p_1 + (x_2 - \mu)^2 \cdot p_2 + \ldots + (x_m - \mu)^2 \cdot p_m$

Statt $\text{Var}(X)$ auch $V(X)$, σ^2 oder σ_x^2.

$\text{Var}(X) = E((X-\mu)^2)$; $\text{Var}(X) = E(X^2) - \mu^2$;
$\text{Var}(X) = x_1^2 \cdot p_1 + \ldots + x_m^2 \cdot p_m - \mu^2$; $\text{Var}(a \cdot X + b) = a^2 \cdot \text{Var}(X)$

Additivität der Varianz, nur für unabhängige X, Y: $\text{Var}(Y+X) = \text{Var}(X) + \text{Var}(Y)$

Standardabweichung eine Zufallsvariablen X: $\sigma = \sqrt{\text{Var}(X)}$

Gemeinsame Verteilung zweier Zufallsvariablen X und Y auf gemeinsamer Ergebnismenge S:
Das Ereignis „$X = x_i$; $Y = y_k$" ist die Teilmenge der Ergebnisse von S, die durch X auf x_i und zugleich durch Y auf y_k abgebildet werden:

"$X = x_i$; $Y = y_k$" ist der Durchschnitt „$X = x_i$" $\cap$ „$Y = y_k$".

Gemeinsame Wahrscheinlichkeitsfunktion zweier Zufallsvariablen X und Y:

$(x_i, y_k) \mapsto p_{ik}$ mit $p_{ik} = P(X = x_i;\ Y = y_k)$

Unabhängige Zufallsvariable *X* und *Y*:

$P(X = x_i;\ Y = y_k) = P(X = x_i) \cdot P(Y = y_k)$

für alle x_i und y_k

	y_1	y_2	
x_1	p_{11}	p_{12}	$P(X=x_1)$
x_2	p_{21}	p_{22}	$P(X=x_2)$
x_3	p_{31}	p_{32}	$P(X=x_3)$
	$P(Y=y_1)$	$P(Y=y_2)$	1

Summe, Differenz und Produkt zweier Zufallsvariablen
auf gemeinsamer Ergebnismenge S:

$Z = X + Y$; $Z = z$ ist die Vereinigung aller Ereignisse „$X = x_i$" und „$Y = y_k$", für die $z = x_i + y_k$ gilt.

$\mu_z = \mu_x + \mu_y$; für unabhängige X, Y gilt: $\sigma_z = \sqrt{\sigma_x^2 + \sigma_y^2}$

$Z = X - Y$; $Z = z$ ist die Vereinigung aller Ereignisse „$X = x_i$" und „$Y = y_k$", für die $z = x_i - y_k$ gilt.
$\mu_z = \mu_x - \mu_y$; für unabhängige X, Y gilt: $\sigma_z = \sqrt{\sigma_x^2 + \sigma_y^2}$

$Z = X \cdot Y$; $Z = z$ ist die Vereinigung aller Ereignisse „$X = x_i$" und $Y = y_k$", für die $z = x_i \cdot y_k$ gilt.

Für unabhängige X, Y gilt: $\mu_z = \mu_x \cdot \mu_y$

Standardisierte Zufallsvariable *Z*: $Z = \frac{X - \mu_x}{\sigma_x}$ mit $E(Z) = 0$ und $\text{Var}(Z) = 1$

Tschebyscheffsche Ungleichung (auch „Tschebyschow"):

$P(|X-\mu| \geq \varepsilon) \leq \frac{\sigma^2}{\varepsilon^2}$ bzw. $P(|X-\mu| < \varepsilon) > 1 - \frac{\sigma^2}{\varepsilon^2}$

$P(|X-\mu| \geq t \cdot \sigma) \leq \frac{1}{t^2}$ bzw. $P(|X-\mu| < t \cdot \sigma) > 1 - \frac{1}{t^2}$

7.5 Spezielle Verteilungen

Gleichverteilung

Bei einer gleichverteilten Zufallsvariablen X haben alle n Werte die gleiche Wahrscheinlichkeit $P(X=x_i)=\frac{1}{n}$ (Laplace-Wahrscheinlichkeit).

Gleichverteilte Zufallsvariable X mit den Werten $1, 2, \ldots, n$:

x_i	1	2	…	n
$P(X=x_i)$	$\frac{1}{n}$	$\frac{1}{n}$	…	$\frac{1}{n}$

$E(X)=\frac{n+1}{2}$; $\quad \mathrm{Var}(X)=\frac{n^2-1}{12}$

Zweipunkteverteilung

Bernoulli-Experiment: Zufallsexperiment mit genau zwei Ergebnissen.
Bernoullivariable: Zufallsvariable mit den Werten 1 und 0.
$P(X=1)=p$ Trefferwahrscheinlichkeit; $P(X=0)=q=1-p$ Nietenwahrscheinlichkeit

x	0	1
$P(X=x)$	q	p

$E(X)=p$; $\quad \mathrm{Var}(X)=p\cdot q$

Binomialverteilung

n-gliedrige *Bernoullikette*: n-malige Durchführung eines Bernoulliexperimentes mit der Trefferwahrscheinlichkeit p unter gleichen Bedingungen: $P(k \text{ Treffer})=\binom{n}{k}\cdot p^k\cdot q^{n-k}$

Binomialverteilte Zufallsvariable X mit den Werten $0, 1, \ldots, n$:

$$P(X=k)=B_{n;p}(k)=\binom{n}{k}\cdot p^k\cdot q^{n-k};\quad E(X)=n\cdot p;\quad \mathrm{Var}(X)=n\cdot p\cdot q$$

Urnenmodell: Urne mit K roten und $N-K$ schwarzen Kugeln. Es wird n-mal mit Zurücklegen gezogen. Die Zufallsvariable X, welche die Anzahl k der gezogenen roten Kugeln beschreibt, ist binomialverteilt ($B_{n;p}$-verteilt) mit $p=\frac{K}{N}$.

Summe: $P(X\leq k)=F_{n;p}(k)=\sum_{i=0}^{k} B_{n;p}(i)$; $\quad P(X<k)=F_{n;p}(k-1)=\sum_{i=0}^{k-1} B_{n;p}(i)$

$$P(a\leq X\leq b)=F_{n;p}(b)-F_{n;p}(a-1)=\sum_{i=a}^{b} B_{n;p}(i)$$

Vertauschungsformeln: $B_{n;p}(k)=B_{n;1-p}(n-k)$

$$F_{n;p}(k)=\sum_{i=0}^{k} B_{n;p}(i)=1-\sum_{i=0}^{n-k-1} B_{n;1-p}(i)=1-F_{n;1-p}(n-k-1)$$

Rekursionsformel: $B_{n;p}(k+1)=\frac{(n-k)\cdot p}{(k+1)\cdot q}\cdot B_{n;p}(k)$; $\quad B_{n,p}(0)=(1-p)^n$

Die Zufallsvariable X sei $B_{n;p}$-verteilt. Die Zufallsvariable $\overline{X}=\frac{1}{n}\cdot X$ mit $\mu_{\overline{X}}=p$ und $\sigma_{\overline{X}}=\frac{p\cdot q}{n}$ beschreibt die relative Häufigkeit der Treffer.
Gesetz der großen Zahlen nach Tschebyscheff für $\overline{X}$: $\quad \lim_{n\to\infty} P(|\overline{X}-p|<\varepsilon)=1$

Geometrische Verteilung

Ein Bernoulliexperiment mit der Trefferwahrscheinlichkeit p wird genau so lange wiederholt, bis der erste Treffer eintritt:

$P(k \text{ Versuche}) = q^{k-1} \cdot p$

Geometrisch-verteilte Zufallsvariable X mit den Werten 1, 2, 3, ...

$$P(X=k) = q^{k-1} \cdot p; \quad E(X) = \frac{1}{p}; \quad \mathrm{Var}(X) = \frac{q}{p^2}$$

$$P(X \leq k) = 1 - q^k$$

Urnenmodell: Urne mit K roten und $N-K$ schwarzen Kugeln. Man zieht so lange mit Zurücklegen, bis man eine rote Kugel erhält. Die Zufallsvariable X, welche die Anzahl k der Ziehungen beschreibt, ist geometrisch-verteilt mit $p = \frac{K}{N}$.

Hypergeometrische Verteilung

Hypergeometrisch-verteilte Zufallsvariable X mit den Werten 0, 1, 2, ..., Min(n, K):

$$P(X=k) = \frac{\binom{K}{k} \cdot \binom{N-K}{n-k}}{\binom{N}{n}}; \quad E(X) = n \cdot p; \quad \mathrm{Var}(X) = \frac{(N-n)(1-p)pn}{N-1} \quad \text{mit} \quad p = \frac{K}{N}$$

Urnenmodell: Urne mit K roten und $N-K$ schwarzen Kugeln. Man zieht n-mal ohne Zurücklegen. Es ist k die Anzahl der gezogenen roten Kugeln, $n-k$ ist die Anzahl der gezogenen schwarzen Kugeln. Die Zufallsvariable X, welche die Anzahl k der gezogenen roten Kugeln beschreibt, ist hypergeometrisch-verteilt.

Poissonverteilung

Poisson-verteilte Zufallsvariable X mit den Werten 0, 1, 2, ...

$$P(X=k) = \frac{\mu^k}{k!} \cdot e^{-\mu}; \quad E(X) = \mu; \quad \mathrm{Var}(X) = \mu$$

(Näherung für die Binomialverteilung bei großem n und kleinem p mit $\mu = np$.)

7.6 Stetige Verteilungen

Wahrscheinlichkeitsdichte:

Eine Funktion $p: \mathbb{R} \to \mathbb{R}$ mit

(1) $p(x) \geq 0$ für alle $x \in \mathbb{R}$ (*Nichtnegativität*)

(2) $\int_{-\infty}^{+\infty} p(t)\, dt = 1$ (*Normierung*)

heißt *Wahrscheinlichkeitsdichte.*

Verteilungsfunktion einer Zufallsvariablen X:

Eine Funktion

$$F: \mathbb{R} \to \mathbb{R} \quad \text{mit} \quad x \mapsto \int_{-\infty}^{x} p(t)\, dt$$

heißt *Verteilungsfunktion.*

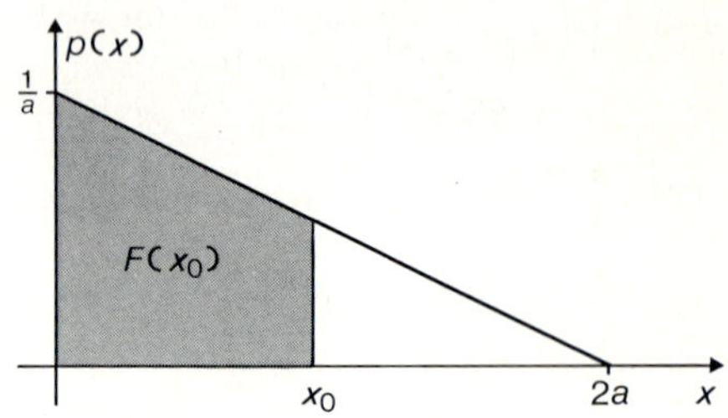

$$p(x) = \begin{cases} 0 & \text{für } x < 0 \\ -\frac{1}{2a^2}x + \frac{1}{a} & \text{für } a \leq x \leq 2a \\ 0 & \text{für } 2a < x \end{cases}$$

$$F(x) = \begin{cases} 0 & \text{für } x < 0 \\ -\frac{1}{4a^2}x^2 + \frac{1}{a}x & \text{für } a \leq x \leq 2a \\ 1 & \text{für } 2a < x \end{cases}$$

$P(X \leq x) = P(X < x) = F(x) = \int_{-\infty}^{x} p(t)\, dt$

$P(X \geq x) = 1 - F(x) = \int_{x}^{\infty} p(t)\, dt$

$P(a \leq X \leq b) = F(b) - F(a) = \int_{a}^{b} p(t)\, dt$

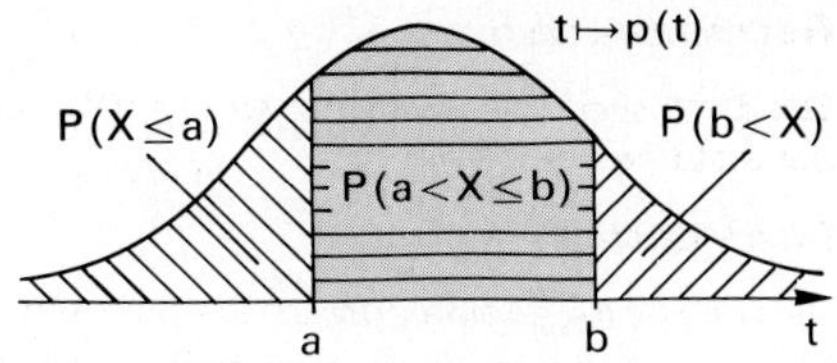

Erwartungswert $E(X) = \mu_X = \int_{-\infty}^{+\infty} x \cdot p(x)\, dx$

Varianz $\mathrm{Var}(X) = \sigma_X^2 = \int_{-\infty}^{+\infty} (x - \mu_X)^2 \cdot p(x)\, dx = E((X - \mu_X)^2)$

$E(a \cdot X + b \cdot Y) = a \cdot E(X) + b \cdot E(Y)$; $\mathrm{Var}(X) = E(X^2) - \mu_X^2$

Nur für unabhängige X und Y gilt: $E(X \cdot Y) = E(X) \cdot E(Y)$; $\mathrm{Var}(X + Y) = \mathrm{Var}(X) + \mathrm{Var}(Y)$

Gleichverteilung

Die Zufallsvariable X ist über dem Intervall $[a; b]$ gleichverteilt.

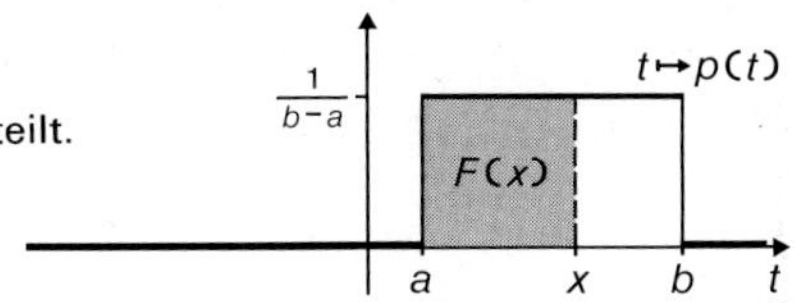

Dichtefunktion: $p(x) = \begin{cases} 0 & \text{für } x < a \\ \dfrac{1}{b-a} & \text{für } a \leq x \leq b \\ 0 & \text{für } x > b \end{cases}$

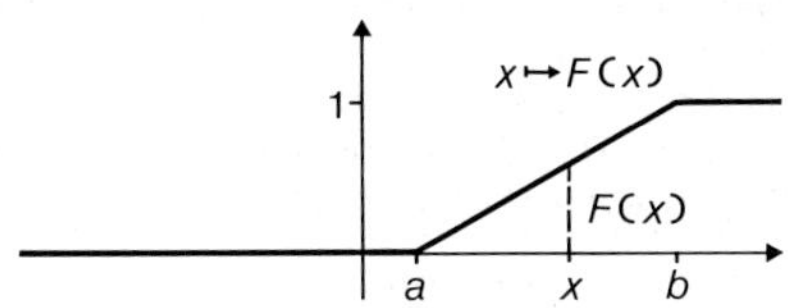

Verteilungsfunktion:

$F(x) = P(X \leq x) = \begin{cases} 0 & \text{für } x < a \\ \dfrac{x-a}{b-a} & \text{für } a \leq x \leq b \\ 1 & \text{für } x > b \end{cases}$

$E(X) = \dfrac{a+b}{2}$; $\mathrm{Var}(X) = \dfrac{(b-a)^2}{12}$

Exponentialverteilung

Die Zufallsvariable X ist über $\mathbb{R}_{\geq 0}$ negativ-exponentiell-verteilt.

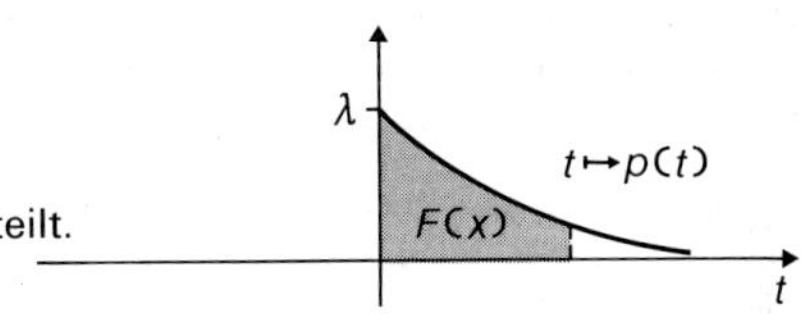

Dichtefunktion: $p(x) = \begin{cases} 0 & \text{für } x < 0 \\ \lambda \cdot e^{-\lambda x} & \text{für } x \geq 0 \end{cases}$

Verteilungsfunktion:

$F(x) = P(X \leq x) = \begin{cases} 0 & \text{für } x < 0 \\ 1 - e^{-\lambda x} & \text{für } x \geq 0 \end{cases}$

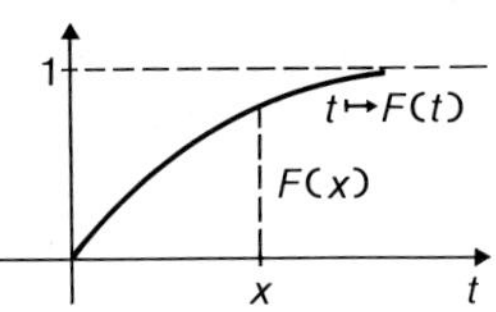

$E(X) = \dfrac{1}{\lambda}$; $\mathrm{Var}(X) = \dfrac{1}{\lambda^2}$

Standardnormalverteilung

Die Zufallsvariable X ist über $\mathbb{R}$ standardnormalverteilt.

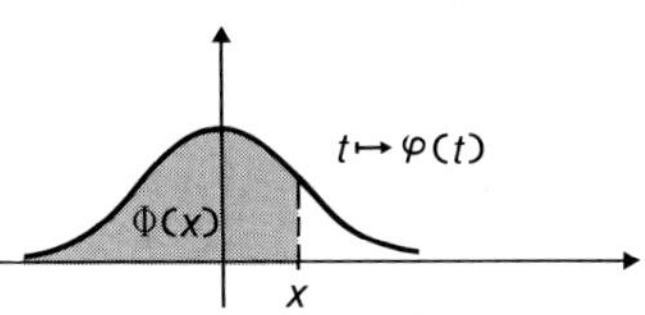

Dichtefunktion: $p(x) = \dfrac{1}{\sqrt{2\pi}} \cdot e^{-\frac{1}{2}x^2} = \varphi(x)$

(φ Gauß-Funktion)

Verteilungsfunktion:

$F(x) = P(X \leq x) = \dfrac{1}{\sqrt{2\pi}} \cdot \int_{-\infty}^{x} e^{-\frac{1}{2}t^2}\, dt = \int_{-\infty}^{x} \varphi(t)\, dt = \phi(x)$

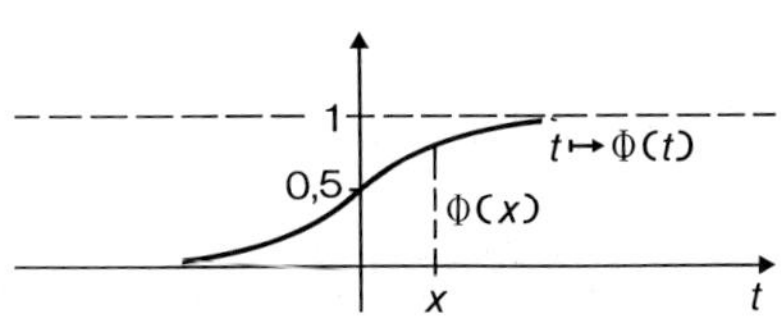

(ϕ Gaußsche Integralfunktion)

$E(X) = 0$; $\mathrm{Var}(X) = 1$

Normalverteilung

Die Zufallsvariable X ist über $\mathbb{R}$ (μ, σ^2)-*normalverteilt* (kurz: $N(\mu, \sigma^2)$-verteilt).

Dichtefunktion: $p(x) = \dfrac{1}{\sigma\sqrt{2\pi}}\, e^{-\frac{1}{2}\left(\frac{x-\mu}{\sigma}\right)^2} = \dfrac{1}{\sigma}\,\varphi\left(\dfrac{x-\mu}{\sigma}\right)$

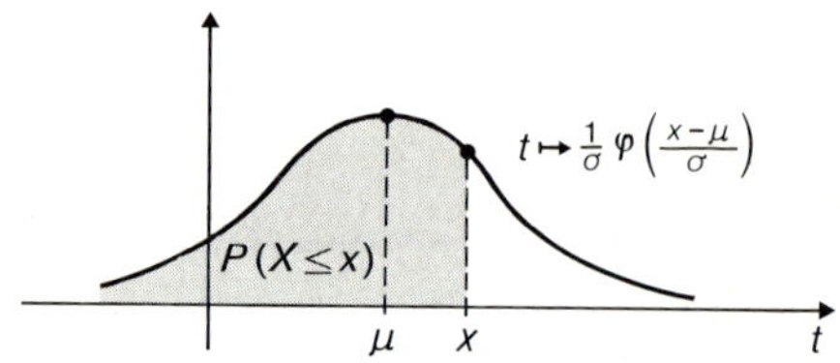

Verteilungsfunktion: $F(x) = P(X \leq x) = \phi\left(\dfrac{x-\mu}{\sigma}\right)$

$E(X) = \mu;\quad \operatorname{Var}(X) = \sigma^2$

$P(X \leq x) = P(X < x) = \Phi\left(\dfrac{x-\mu}{\sigma}\right)$

$P(a \leq X \leq b) = \Phi\left(\dfrac{b-\mu}{\sigma}\right) - \Phi\left(\dfrac{a-\mu}{\sigma}\right)$

$P(|X-\mu| < c) = 2 \cdot \Phi\left(\dfrac{c}{\sigma}\right) - 1$

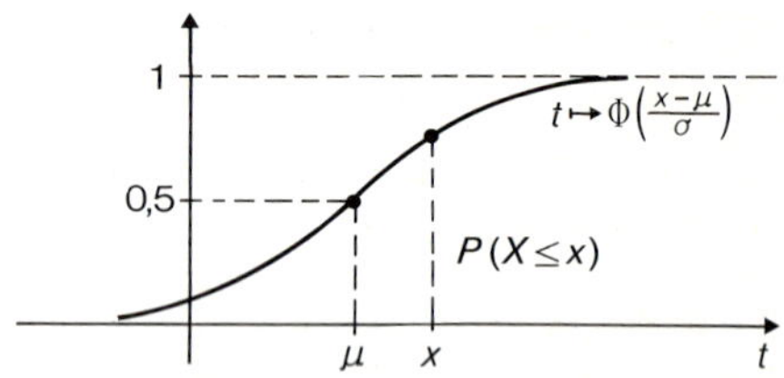

Die Zufallsvariable $Z := \dfrac{X-\mu}{\sigma}$ ist standardnormalverteilt.

$\phi(-z) = 1 - \phi(z);\ \phi(z) - \phi(-z) = 2\phi(z) - 1$

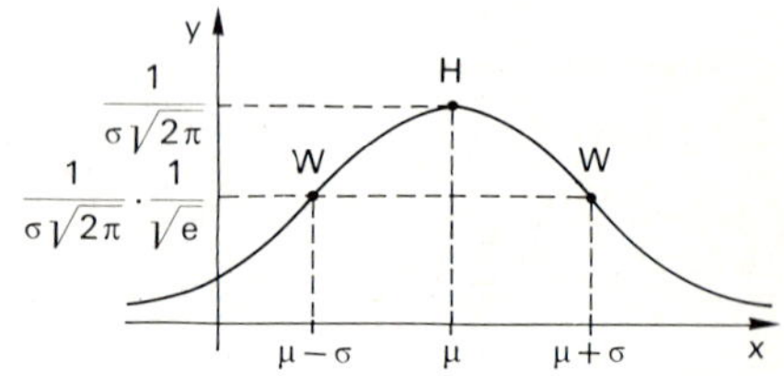

σ-Grenzen bei normalverteiltem X:

$P(\mu-\sigma < X < \mu+\sigma) \approx 0{,}68$
$P(\mu-2\sigma < X < \mu+2\sigma) \approx 0{,}955$
$P(\mu-3\sigma < X < \mu+3\sigma) \approx 0{,}997$

Sind X_1 und X_2 unabhängig und normalverteilt,
dann sind auch $X := X_1 + X_2$ und $Y := X_1 - X_2$ normalverteilt.

$E(X) = E(X_1) + E(X_2);\ \operatorname{Var}(X) = \operatorname{Var}(X_1) + \operatorname{Var}(X_2)$
$E(Y) = E(X_1) - E(X_2);\ \operatorname{Var}(Y) = \operatorname{Var}(X_1) + \operatorname{Var}(X_2)$

Näherungsformeln von **Moivre-Laplace**:
Näherung der Binonialverteilung mit dem Erwartungswert μ und der Standardabweichung σ durch die Normalverteilung (geeignet für $npq > 9$)

$$B_{n;p}(k) \approx \frac{1}{\sqrt{2\pi npq}} \cdot e^{-\frac{1}{2}\left(\frac{k-np}{npq}\right)^2} = \frac{1}{\sigma} \cdot \varphi\left(\frac{k-\mu}{\sigma}\right)$$

$$P(X \leq k) = F_{n;p}(k) = \sum_{i=0}^{k} B_{n;p}(i) \approx \Phi\left(\frac{k+0{,}5-\mu}{\sigma}\right)$$

$$P(X < k) = F_{n;p}(k-1) = \sum_{i=0}^{k-1} B_{n;p}(i) \approx \Phi\left(\frac{k-0{,}5-\mu}{\sigma}\right)$$

$$P(a \leq X \leq b) = F_{n;p}(b) - F_{n;p}(a-1) = \sum_{i=a}^{b} B_{n;p}(i) \approx \Phi\left(\frac{b+0{,}5-\mu}{\sigma}\right) - \Phi\left(\frac{a-0{,}5-\mu}{\sigma}\right)$$

Vereinfachte Näherungen erhält man durch Weglassen des Korrekturgliedes 0,5.

Näherung für $\overline{X} = \dfrac{1}{n}X$: $\quad P(\overline{X} \leq \overline{x}) \approx \Phi\left(\dfrac{\overline{x}-p}{\sqrt{pq}} \cdot \sqrt{n}\right)$

7.7 Beschreibende Statistik

Ausprägungen eines Merkmales: $a_1, a_2, \ldots, a_k$

Urliste vom Umfang n: $x_1, x_2, \ldots, x_n$
(Die bei einer Erhebung gewonnenen Ausprägungen werden in der Reihenfolge notiert, in der man sie nacheinander erhält.)

Absolute Häufigkeit der Ausprägung a_i ist die Anzahl n_i, mit der a_i in der Urliste vorkommt.

Relative Häufigkeit der Ausprägung a_i ist h_i mit $h_i = \frac{n_i}{n}$.

Für anordbare Merkmale:

Median einer Urliste ist jede Ausprägung, für die gilt: Ordnet man die Beobachtungswerte der Urliste in aufsteigender (oder fallender) Reihenfolge an, dann liegen
höchstens 50% aller Beobachtungswerte *vor* dem Median und
höchstens 50% aller Beobachtungswerte *hinter* dem Median.

***p*%-Quantil** einer Urliste ist jede Ausprägung, für die gilt:
Ordnet man die Beobachtungswerte der Urliste in aufsteigender Reihenfolge an, dann liegen
höchstens p% der Beobachtungswerte vor dem p%-Quantil und
höchstens $(100-p)$% der Beobachtungswerte hinter dem Quantil.

Für quantitative Merkmale einer Urliste:

Mittelwert $\bar{x} = \frac{1}{n}\sum_{i=1}^{n} x_i = \frac{1}{n}\sum_{j=1}^{k} a_j \cdot n_j = \sum_{j=1}^{k} a_j \cdot h_j$

Varianz $s^2 = \frac{1}{n}\sum_{i=1}^{n}(x_i-\bar{x})^2 = \frac{1}{n}\sum_{j=1}^{k}(a_j-\bar{x})^2 n_j = \sum_{j=1}^{k}(a_j-\bar{x})^2 h_j = \frac{1}{n}\sum_{i=1}^{n} x_i^2 - \bar{x}^2$,

auch $s^2 = \frac{1}{n-1}\sum_{i=1}^{n}(x_i-\bar{x})^2 = \frac{1}{n-1}\sum_{j=1}^{k}(a_j-\bar{x})^2 n_j = \frac{n}{n-1}\sum_{j=1}^{k}(a_j-\bar{x})^2 k_j = \frac{1}{n-1}\left(\sum_{i=1}^{n} x_i^2 - n\cdot\bar{x}^2\right)$

Standardabweichung $s = \sqrt{s^2} = \sqrt{\frac{1}{n}\sum_{i=1}^{n}(x_i-\bar{x})^2}$, auch $s = \sqrt{\frac{1}{n-1}\sum_{i=1}^{n}(x_i-\bar{x})^2}$

Bereichsmitte einer Urliste $\hat{x} = \frac{1}{2}(a_m + a_M)$; a_m kleinste, a_M größte Ausprägung in der Urliste

Spannweite einer Urliste $\hat{s} = \frac{1}{2}(a_M - a_m)$

7.8 Schätzen

Schätzen einer Wahrscheinlichkeit

Die Zufallsvariable X habe die Werte 0 und 1 mit $P(X=1)=p$ und $P(X=0)=q$ (Zweipunkteverteilung).
Die Wahrscheinlichkeit p werde geschätzt mit dem Mittelwert $\bar{x}$ einer Stichprobe vom Umfang n mit Werten von X. Die unabhängigen Zufallsvariablen X_1 bis X_n haben die gleiche Verteilung wie X und beschreiben die n Erhebungen zur Gewinnung der Stichproben.

Schätzfunktion $\overline{X}$ für die Wahrscheinlichkeit p

$\overline{X} = \frac{1}{n}(X_1 + X_2 + \ldots + X_n)$ mit $E(\overline{X}) = E(X) = p$ und $\mathrm{Var}(\overline{X}) = \frac{1}{n}\cdot\mathrm{Var}(X) = \frac{1}{n}\cdot pq$.

Vertrauensintervall für p zur Vertrauenszahl γ: $[\overline{X}-\varepsilon; \overline{X}+\varepsilon]$ mit $\gamma = P(\overline{X}-\varepsilon < p < \overline{X}+\varepsilon)$

Für $npq > 9$ ist $\overline{X}$ angenähert normalverteilt $\left(N\left(p; \frac{1}{n}\cdot pq\right)\text{-verteilt}\right)$. Dann gilt

$$\varepsilon = c\cdot\sqrt{\frac{1}{n}\cdot pq} \quad \text{und} \quad \gamma = \phi(c) - \phi(-c) = 2\cdot\phi(c) - 1 \quad \text{bzw.} \quad \varepsilon = \sqrt{\frac{pq}{n}}\cdot\phi^{-1}\left(\frac{\gamma+1}{2}\right)$$

Schätzen eines Erwartungswertes – Schätzen einer Varianz

Die Zufallsvariable X habe den Erwartungswert $E(X) = \mu$ und die Varianz $\operatorname{Var}(X) = \sigma^2$. Es werde μ geschätzt mit dem Mittelwert $\overline{x}$, σ mit der Standardabweichung s einer Stichprobe vom Umfang n mit Werten von X. Die unabhängigen Zufallsvariablen X_1 bis X_n haben die gleiche Verteilung wie X und beschreiben die n Erhebungen zur Gewinnung der Stichproben.

Schätzfunktion $\overline{X}$ für den Erwartungswert $\overline{X} = \frac{1}{n}(X_1 + X_2 + \ldots + X_n)$ mit $E(\overline{X}) = E(X) = \mu$ und $\operatorname{Var}(\overline{X}) = \frac{1}{n}\cdot\operatorname{Var}(X) = \frac{1}{n}\cdot\sigma^2$.
Vertrauensintervall für μ zur Vertrauenszahl γ: $[\overline{X}-\varepsilon; \overline{X}+\varepsilon]$ mit $\gamma = P(\overline{X}-\varepsilon < \mu < \overline{X}+\varepsilon)$
Schätzfunktion S^2 für die Varianz $S^2 = \frac{1}{n-1}((X_1-\overline{X})^2 + (X_2-\overline{X})^2 + \ldots + (X_n-\overline{X})^2)$ mit $E(S^2) = \sigma^2$

Ist X normalverteilt ($N(\mu; \sigma^2)$-verteilt), dann ist $\overline{X}$ normalverteilt $\left(N\left(\mu; \frac{1}{n}\cdot\sigma^2\right)\text{-verteilt}\right)$. Ansonsten ist $\overline{X}$ für hinreichend große n näherungsweise normalverteilt.

$$\varepsilon = c\cdot\frac{1}{\sqrt{n}}\cdot\sigma \quad \text{und} \quad \gamma = \phi(c) - \phi(-c) = 2\cdot\phi(c) - 1 \quad \text{bzw.} \quad \varepsilon = \frac{1}{\sqrt{n}}\cdot\sigma\cdot\phi^{-1}\left(\frac{\gamma+1}{2}\right).$$

7.9 Testen

Testen einer Wahrscheinlichkeit

Ein Bernoulliexperiment wird beschrieben durch die Zufallsvariable X mit den Werten 1 und 0, wobei gilt $P(X=1) = p$ und $P(X=0) = q$.

Nullhypothese H_0 und Gegenhypothese H_1			
Zweiseitiger Test	*linksseitiger Test*	*rechtsseitiger Test*	*Alternativtest*
$H_0: p = p_0$ $H_1: p \neq p_0$	$H_0: p \geq p_0$ $H_1: p < p_0$	$H_0: p \leq p_0$ $H_1: p > p_0$	$H_0: p = p_0$ $H_1: p = p_1$

Stichprobe vom Umfang n

Die unabhängigen Zufallsvariablen X_1 bis X_n haben die gleiche Verteilung wie X. Sie beschreiben die n Erhebungen zur Gewinnung der Stichprobenwerte.

Testvariable: $T = X_1 + X_2 + \ldots + X_n$. Wenn H_0 in Wirklichkeit zutrifft, dann gilt $P(T=k) = B_{n;\,p_0}(k)$.

Testwert: k, Anzahl der Treffer in der Stichprobe (Erhebung). **Signifikanzniveau** α

Annahmebereich A ist die kleinste Menge $A = \{a, a+1, \ldots, b\}$ aus $\{0, 1, \ldots, n\}$, für die gilt:			
zweiseitiger Test	*linksseitiger Test*	*rechtsseitiger Test*	*Alternativtest*
$P(a \leq T \leq b) \geq 1-\alpha$ vereinfacht $P(T < a) < \frac{\alpha}{2}$ und $P(b < T) < \frac{\alpha}{2}$	$P(c \leq T) \geq 1-\alpha$ mit $a = c$ und $b = n$	$P(T \leq c) \geq 1-\alpha$ mit $a = 0$ und $b = c$	$P(T \leq c) \geq 1-\alpha$ mit $a = 0$, $b = c$ für $p_0 < p_1$, sonst $P(c \leq T) \geq 1-\alpha$

Kritischer Wert c; Ablehnungsbereich (*kritischer Bereich*) $K = \{0, 1, \ldots, n\} \setminus A$

Entscheidungsregel: Liegt der Testwert k in dem Ablehnungsbereich, dann wird auf dem Signifikanzniveau α die Nullhypothese H_0 zugunsten der Gegenhypothese H_1 verworfen. Liegt der Testwert k in dem Annahmebereich, dann wird mit der Sicherheitswahrscheinlichkeit $1-\alpha$ die Nullhypothese H_0 angenommen.

Mögliche **Fehler**

Nullhypothese	in Wirklichkeit richtig	in Wirklichkeit falsch
nach Test verworfen	Fehler 1. Art	Entscheidung richtig
nach Test angenommen	Entscheidung richtig	Fehler 2. Art

Wahrscheinlichkeit des Fehlers 1. Art *(Irrtumswahrscheinlichkeit)*:
H_0: $p=p_0$ treffe in Wirklichkeit zu, dennoch liegt der Testwert k im Ablehnungsbereich.

Zweiseitiger Test	*linksseitiger Test*	*rechtsseitiger Test*	*Alternativtest*
$P(T<a) = \sum_{i=0}^{a-1} B_{n;p_0}(i) = F_{n;p_0}(a-1) < \frac{\alpha}{2}$ und $P(b<T) = 1-P(T\leq b) = \sum_{i=b+1}^{n} B_{n;p_0}(i) = 1-F_{n;p_0}(b) < \frac{\alpha}{2}$	$P(T<c) = \sum_{i=0}^{c-1} B_{n;p_0}(i) = F_{n;p_0}(c-1) \leq \alpha$	$P(c<T) = \sum_{i=c+1}^{n} B_{n;p_0}(i) = 1-P(T\leq c) = 1-F_{n;p_0}(c) \leq \alpha$	Bei $p_0<p_1$ wie beim rechtsseitigen Test, bei $p_1<p_0$ wie beim linksseitigen Test.

Wahrscheinlichkeit des Fehlers 2. Art: H_0: $p=p_0$ treffe in Wirklichkeit nicht zu, dennoch liegt der Testwert k im Annahmebereich. Die tatsächliche Wahrscheinlichkeit sei p_1.

Zweiseitiger Test	*linksseitiger Test*	*rechtsseitiger Test*	*Alternativtest*
$P(a\leq T\leq b) = \sum_{i=a}^{b} B_{n;p_1}(i) = F_{n;p_1}(b) - F_{n;p_1}(a-1)$	$P(c\leq T) = \sum_{i=c}^{n} B_{n;p_1}(i) = 1-P(T<c)$	$P(T\leq c) = \sum_{i=0}^{c} B_{n;p_1}(i) = F_{n;p_1}(c)$	Bei $p_0<p_1$ wie beim rechtsseitigen Test, bei $p_1<p_0$ wie beim linksseitigen Test.

Testen eines Erwartungswertes

Ein Zufallsexperiment werde durch die Zufallsvariable X mit dem Erwartungswert μ_X und der Standardabweichung σ_X beschrieben. Getestet wird der Erwartungswert μ_X bei bekannter Standardabweichung σ_X.

Nullhypothese H_0 und Gegenhypothese H_1

Zweiseitiger Test	*linksseitiger Test*	*rechtsseitiger Test*	*Alternativtest*
H_0: $\mu=\mu_0$ H_1: $\mu\neq\mu_0$	H_0: $\mu\geq\mu_0$ H_1: $\mu<\mu_0$	H_0: $\mu\leq\mu_0$ H_1: $\mu>\mu_0$	H_0: $\mu=\mu_0$ H_1: $\mu=\mu_1$

Stichprobe vom Umfang n
Die unabhängigen Zufallsvariablen X_1 bis X_n haben die gleiche Verteilung wie X. Sie beschreiben die n Erhebungen zur Gewinnung der Stichprobenwerte.

Testvariable: $T=\frac{1}{n}(X_1+X_2+\ldots+X_n)$.

Wenn H_0 zutrifft, dann ist $\mu_T=\mu_X$ und $\sigma_T=\frac{1}{\sqrt{n}}\cdot\sigma_X$.

Ist X normalverteilt, dann ist auch T normalverteilt, ansonsten kann T für hinreichend große n durch die Normalverteilung mit μ_T und σ_T approximiert werden.

Testwert $\bar{x}$, Durchschnitt der Stichprobe (Erhebung).

Signifikanzniveau α

Annahmebereich A wird festgelegt bei			
Zweiseitigem Test durch	*linksseitigem Test durch*	*rechtsseitigem Test durch*	*Alternativ-Test durch*
$P(\mu_0-\varepsilon\leq T\leq\mu_0+\varepsilon)$ $=1-\alpha$	$P(\mu_0-\varepsilon\leq T)$ $=1-\alpha$	$P(T\leq\mu_0+\varepsilon)$ $=1-\alpha$	$P(T\leq\mu_0+\varepsilon)$ $=1-\alpha$ bei $\mu_0<\mu_1$, $P(\mu_0-\varepsilon\leq T)$ $=1-\alpha$ bei $\mu_0>\mu_1$

Hier gilt immer $\varepsilon=\frac{z}{\sqrt{n}}\cdot\sigma_X$ mit

$\phi(z)=1-\alpha$ beim einseitigen Test und

$\phi(z)-\phi(-z)=1-\alpha$ bzw. $\phi(z)=1-\frac{\alpha}{2}$ beim zweiseitigen Test.

Ablehnungsbereich $K=T(S)\setminus A$, $T(S)$ Wertemenge von T

Entscheidungsregel, Fehler 1. Art, Fehler 2. Art und die Berechnung der Fehlerwahrscheinlichkeiten entsprechend wie beim Testen einer Wahrscheinlichkeit.

Testen einer endlichen Verteilung mit dem χ^2-Test

Ein Zufallsexperiment werde beschrieben durch die Zufallsvariable X mit den Werten x_1 bis x_k und den zugehörenden Wahrscheinlichkeiten $P(X=x_i)=p_i$ für $i=1$ bis k.

Nullhypothese H_0: $p_1=p_1^0$, $p_2=p_2^0$, ..., $p_k=p_k^0$.

Gegenhypothese H_1: wenigstens für ein i gilt $p_i\neq p_i^0$.

Stichprobe vom Umfang n
Die Zufallsvariable X_i beschreibt die absolute Häufigkeit a_i des Wertes x_i von X. X_i ist binomialverteilt.

Testvariable: $T=\frac{(X_1-n\cdot p_1^0)^2}{n\cdot p_1^0}+\frac{(X_2-n\cdot p_2^0)^2}{n\cdot p_2^0}+\ldots+\frac{(X_k-n\cdot p_k^0)^2}{n\cdot p_k^0}$

$E(T)=k-1$, für große n gilt $V(T)\approx 2(k-1)$.

Testwert: $t=\frac{(a_1-n\cdot p_1^0)^2}{n\cdot p_1^0}+\frac{(a_2-n\cdot p_2^0)^2}{n\cdot p_2^0}+\ldots+\frac{(a_k-n\cdot p_k^0)^2}{n\cdot p_k^0}$

Signifikanzniveau α

Annahmebereich $[0; c)$ mit $P(T<c)=1-\alpha$.
T ist asymptotisch χ^2-verteilt mit dem Freiheitsgrad $k-1$, das heißt: $\lim_{n\to\infty} P(T\leq c)=P(\chi^2\leq c)$

Register